14 LIFE BELOW WATER

Conserve and sustainably use the oceans, seas and
marine resources for sustainable development

保护和可持续利用海洋和海洋资源以促进可持续发展

中国社会科学院创新工程学术出版资助项目

THE GLOBAL GOALS
For Sustainable Development
2030 年可持续发展议程研究书系

主　　编：蔡　昉
副 主 编：潘家华　谢寿光
执行主编：陈　迎

治理与养护

实现海洋资源的可持续利用

CONTROL AND CONSERVATION:
To Achieve the Sustainable Use
of Marine Resources

崔　凤　赵　缇　沈　彬　著

社会科学文献出版社
SOCIAL SCIENCES ACADEMIC PRESS (CHINA)

总　序

　　可持续发展的思想是人类社会发展的产物，它体现着对人类自身进步与自然环境关系的反思。这种反思反映了人类对自身以前走过的发展道路的怀疑和扬弃，也反映了人类对今后选择的发展道路和发展目标的憧憬和向往。

　　2015 年 9 月 26～28 日在美国纽约召开的联合国可持续发展峰会，正式通过了《改变我们的世界：2030 年可持续发展议程》，该议程包含一套涉及 17 个领域 169 个具体问题的可持续发展目标（SDGs），用于替代 2000 年通过的千年发展目标（MDGs），是指导未来 15 年全球可持续发展的纲领性文件。习近平主席出席了峰会，全面论述了构建以合作共赢为核心的新型国际关系，打造人类命运共同体的新理念，倡议国际社会加强合作，共同落实 2015 年后发展议程，同时也代表中国郑重承诺以落实 2015 年后发展议程为己任，团结协作，推动全球发展事业不断向前。

　　2016 年是实施该议程的开局之年，联合国及各国政府都积极行动起来，促进可持续发展目标的落实。2016 年 7 月召开的可持续发展高级别政治论坛（HLPF）通过部长声明，重申论坛要发挥在强化、整合、落实和审评可持续发展目标中的重要作用。中国是 22 个就落实 2030 年可持续发展议程情况进行国别自愿陈述的国家之一。当前，中国经济正处于重要转型期，要以创新、协调、绿色、开放、共享五大发展理念为指导，牢固树立"绿水青山就是金山银山"和"改善生态环境就是发展生产力"的发展观念，统筹推进经济建设、政治建设、文化建设、社会建设和生态文明建设，加快落实可持续发展议程。同时，还要继续大力推进"一带一路"建设，不断深化南南合作，为其他发展中国家落实可持续发展议程提供力所能及的帮助。作为2016年二十国集团（G20）主席国，中国将落实2030年可持续发展议程作为今年G20峰会的重要议题，积极推动G20将发展问题置于全球宏观政策协调框架的突出位置。

围绕落实可持续发展目标，客观评估中国已经取得的成绩和未来需要做出的努力，将可持续发展目标纳入国家和地方社会经济发展规划，是当前亟待研究的重大理论和实践问题。中国社会科学院一定要发挥好思想库、智囊团的作用，努力担负起历史赋予的光荣使命。为此，中国社会科学院高度重视2030年可持续发展议程的相关课题研究，组织专门力量，邀请院内外知名专家学者共同参与撰写"2030年可持续发展议程研究书系"（共18册）。该研究书系遵照习近平主席"立足中国、借鉴国外，挖掘历史、把握当代，关怀人类、面向未来"，加快构建中国特色哲学社会科学的总思路和总要求，力求秉持全球视野与中国经验并重原则，以中国视角，审视全球可持续发展的进程、格局和走向，分析总结中国可持续发展的绩效、经验和面临的挑战，为进一步推进中国乃至全球可持续发展建言献策。

我期待该书系的出版为促进全球和中国可持续发展事业发挥积极的作用。

王伟光

2016 年 8 月 12 日

摘　要

　　人类社会与海洋共生共荣，在全球化背景下，海洋环境需要世界各国携手共同养护。在 2015 年联合国可持续发展峰会上，193个会员国共同通过了《变革我们的世界：2030 年可持续发展议程》，其目标 14 指出了未来 15 年全球海洋环境养护和海洋资源可持续利用的行动方向，得到了中国政府的积极响应。在全面了解海洋资源环境状况的基础上对该项议程进行背景和内容方面的解读十分必要，有助于我们把握好海洋资源环境养护的行动方向。通过分析当前全球和国内海洋环境污染治理以及海洋资源可持续利用现状，本书发现现阶段海洋保护行动与目标之间尚存在一定差距。在全球化的时代，我国海洋环境养护和资源可持续利用恰逢难得的发展机遇，通过学习美国、欧盟、韩国等发达国家和地区的先进经验，本书针对中国当前海洋环境养护和资源可持续利用方面存在的问题与不足提出了可行性建议。

Abstract

Human society is closely related to the ocean. In the context of globalization, the marine environment and resources need to be protected by the world. In the document of *Transforming Our World: The* 2030 *Agenda for Sustainable Development*, which was adopted at the UN Summit on Sustainable Development in 2015, "Goal 14" indicated the direction of action for global marine environmental protection and the sustainable use of marine resources in the next fifteen years. The China's government has responded positively to this agenda. Meanwhile, it is necessary to understand the background and content of the agenda, which will help us to grasp the direction of protecting marine resources and environment. Besides, we found that there is still a gap between the current marine action and the target by analyzing the current global and domestic situation. In the era of globalization, China's marine environmental protection and sustainable use of resources is coinciding with the rare opportunities. Through studying the advanced experience of the United States, the European Union, the South Korea and other developed countries and regions, we will put forward some feasible suggestions about the existing problems and shortcomings in China.

目 录

|CONTENTS|

第一章　导论 ··· 001

第一节　海洋资源环境概述 ·· 001

一　海洋资源的概念及其分类 ·· 002

二　全球主要海洋资源概述 ·· 004

第二节　海洋资源环境面临的危机 ·· 010

一　海洋环境污染与生态破坏 ·· 010

二　海洋资源的过度开发 ·· 015

第三节　人类社会与海洋共生共荣 ·· 017

一　公元前～18世纪：海洋知识逐步获取和积累的时期 ········ 017

二　19～21世纪：海洋科技向广度和深度发展时期 ············ 019

三　人类社会与海洋共生共荣、协调发展 ····················· 020

第二章　《2030年可持续发展议程》目标14的解读 ··········· 024

第一节　《2030年可持续发展议程》目标14的提出背景 ··· 024

第二节　海洋环境养护有关内容的解读 ································ 032

一　防止和减少海洋污染 ··· 032

二　对海洋和沿海生态系统进行可持续管理和保护 ········ 036

三　减少和应对海洋酸化的影响 ······································ 038

四　保护沿海和海洋区域 …………………………………… 041

五　发展海洋科技 …………………………………………… 043

第三节　海洋资源可持续利用有关内容的解读 ………… 046

一　有效管制捕捞活动 ……………………………………… 047

二　优化渔业补贴政策 ……………………………………… 049

三　关注小岛屿发展中国家和最不发达国家 …………… 052

四　关注小户个体渔民 ……………………………………… 056

第三章　世界海洋环境养护和海洋资源可持续利用现状 ……… 058

第一节　海洋环境养护 …………………………………… 060

一　海洋污染及其治理 ……………………………………… 060

二　海洋生态系统的养护 …………………………………… 069

第二节　海洋资源的可持续利用（以海洋捕捞为主） …… 081

一　海洋捕捞现状 …………………………………………… 083

二　有效管制捕捞活动 ……………………………………… 087

三　保障可持续小规模渔业的发展 ……………………… 093

第三节　海洋科技的发展 ………………………………… 095

一　海洋科技发展现状 ……………………………………… 096

二　加强能力建设与实现全球合作 ……………………… 097

第四章　中国海洋环境养护与海洋资源可持续利用的现状 …… 100

第一节　中国海洋污染治理与生态环境养护状况 ……… 102

一　中国海洋污染治理状况 ………………………………… 102

二　中国海洋生态环境养护状况 ………………………… 118

第二节　中国海洋资源可持续利用状况……………………………… 127

　　一　海洋资源利用现状………………………………………… 128

　　二　海洋资源可持续利用……………………………………… 145

第三节　中国海洋环境养护与海洋资源利用现状与目标之间的

　　　　差距……………………………………………………… 147

　　一　海洋污染治理与生态环境保护方面的差距……………… 147

　　二　海洋资源可持续利用方面的差距………………………… 151

第五章　国际上的一些典型做法……………………………………… 155

第一节　美国…………………………………………………………… 156

　　一　基本情况介绍……………………………………………… 156

　　二　典型做法…………………………………………………… 158

　　三　突出成就…………………………………………………… 162

　　四　存在的不足………………………………………………… 167

第二节　欧盟…………………………………………………………… 168

　　一　基本情况介绍……………………………………………… 168

　　二　典型做法…………………………………………………… 170

　　三　突出成就…………………………………………………… 174

　　四　存在的不足………………………………………………… 182

第三节　韩国…………………………………………………………… 183

　　一　基本情况介绍……………………………………………… 183

　　二　典型做法…………………………………………………… 184

　　三　突出成就…………………………………………………… 188

　　四　存在的不足………………………………………………… 194

第六章　中国海洋环境养护与资源可持续利用的机遇、挑战和

　　　　建议…………………………………………………… 196

　　第一节　机遇………………………………………………… 196

　　第二节　挑战………………………………………………… 202

　　第三节　建议………………………………………………… 208

参考文献………………………………………………………… 215

索　引…………………………………………………………… 220

后　记…………………………………………………………… 224

第一章　导论

《吕氏春秋》有言："竭泽而渔，岂不得鱼，而明年无鱼。"这句话的意思是虽然将水抽干能够获得大量的鱼，但这样做将导致明年无鱼可捕，其中就蕴含了古人可持续利用自然资源的生存智慧。而今，随着捕捞工具以及捕捞技术的进步，捕捞效率倍增，早已没有人采用如此原始而拙劣的捕鱼办法。但现代科技所带来的高效率生产直接推动着人们竞相将自然资源转化为经济效益，如此一来资源便不堪重负，面临着枯竭的危机。为实现资源的可持续利用，保护我们共同的家园，2015 年 9 月联合国可持续发展峰会正式通过了《变革我们的世界：2030 年可持续发展议程》（*Transforming Our World：The 2030 Agenda for Sustainable Development*）（简称《2030 年可持续发展议程》），呼吁国际社会以积极姿态为实现可持续发展而努力。而海洋作为人类社会重要的原料采集地，其资源环境正遭受着人类社会的巨大挑战。为此，《2030 年可持续发展议程》特别提出要"保护和可持续利用海洋和海洋资源以促进可持续发展"这一目标。

第一节　海洋资源环境概述

人类社会扎根陆地，但与面积占地球表面积约 71% 的海洋从未断开关系。自古以来，人们对海洋的利用主要体现在两个方面：第一，人们从海洋中获得生产生活所需的各类资源；第二，海洋作为一种客观存在的交流通道，将国际社会连接在一起，便利了国际贸易与文化交流。无论是作为地球资源的储藏库，还是作为人类社会环球交通的载体，海洋都能够产生巨大的经济效益，推动社会发展。

一　海洋资源的概念及其分类

随着海洋资源开发的不断深化，人们对海洋资源的定义也愈加完善。就概念来说，海洋资源有狭义和广义之分。狭义上讲，海洋资源是指传统的海洋生物资源、海水中的化学资源和淡水资源、海洋所蕴藏的能量资源、海底矿产资源等与海水水体有直接关系的海洋物质与能量。广义上讲，海洋资源除了包含上述的海洋物质与能量外，还包括水体周围可被人们开发利用的环境，如滨海湿地、港湾、海洋运输航线、海洋旅游景观和海洋空间等。综上所述，本文将海洋资源定义为：在海洋内外地质营力[①]作用下形成的，分布在海洋地理区域内的，可供人们开发利用并且能够产生经济价值的物质、能量和空间等[②]。

辽阔的海域集合了形形色色的资源，且这些海洋资源呈现多样化的特点。根据海洋资源的定义，具体可将其划分为海洋物质资源、海洋能量资源、海洋空间资源三大类，并且可根据其自然

---

① 地质营力是指引起地质作用的自然力，它既发生于地表也发生于地球内部，能够使地球的物质组成、内部结构和地表形态发生变化。

② 崔凤、唐国建：《海洋与社会协调发展战略》，海洋出版社，2014。

本质属性将每一大类做进一步细分（见表 1-1）。

表 1-1 海洋资源分类及其利用举例

分　类			利用举例
海洋物质资源	海洋非生物资源	海水资源	
		海水本身资源	冷却用水；盐土农业灌溉；海水淡化利用
		海水中溶解物质资源	除传统的煮盐、晒盐外，现代技术在卤元素、金属元素、核燃料铀、锂和氚等的提取方面已取得了很大进展
	海洋生物资源	海洋矿产资源	
		海底石油	是当前海洋最重要的矿产资源，其产量已是世界油气总产量的近 1/3，而储量则是陆地的 40%
		滨海砂矿	金属和非金属砂矿，用于冶金、建材、化工、工艺制作等
		海底煤矿	弥补沿海陆地煤矿的日渐不足
		大洋多金属结核和海底热液矿床	可开发利用其中的锰、镍、铜、钴、镉、锌、钒、金等多种陆地上稀缺的金属资源
		海洋植物资源	如海带、紫菜、裙带菜、鹿角菜、红树林等，用途广泛：食用、药物、化工原料、饲料、肥料、生态、服务功能等
		海洋无脊椎动物资源	包括贝类、甲壳类、头足类及海参、海蜇等，主要作为优质食物和饲料、饵料等
		海洋脊椎动物资源	主要是鱼类和海龟、海鸟、海兽等。鱼类是主要的海洋食物，海龟、海鸟、海兽也有特殊的经济、科学、旅游和军事价值
海洋能量资源		海洋潮汐能	蕴藏在海水中的这些形式的能量均可通过技术手段被转换为电能，为人类服务。理论估算世界海洋总的能量约为 40 万亿千瓦，可开发利用的至少有 400 亿千瓦，并且海洋能量资源是不枯竭的无污染能源
		海洋波浪能	
		潮流/海流能	
		海水温差能	
		海水盐度差能	

续表

分　类		利用举例
海洋空间资源	海岸与海岛空间资源	包括港口、海滩、潮滩、湿地等，可用于运输、工农业、城镇建设、旅游、科教、海洋公园等许多方面
	海面/洋面空间资源	国际、国内海运通道；海上人工岛、海上机场、工厂和城市；军事试验演习场所；海上旅游和体育运动等
	海洋水层空间资源	潜艇和其他民用水下交通工具运行空间；水层观光旅游和体育运动；人工渔场等
	海底空间资源	海底隧道、海底居住和观光；海底通信线缆；海底运输管道；海底倾废场所；海底列车；海底城市等

资料来源：崔凤、唐国建《海洋与社会协调发展战略》，海洋出版社，2014。

二　全球主要海洋资源概述

人类对自然资源的认识和开发经历了单一地上—地上地下兼顾—单一陆地—陆海兼顾的发展过程。与陆地资源开发利用相比，海洋资源开发利用的历史相对较短、程度较低、潜力较大，因此海洋资源有望成为未来研究的重点和人类社会可持续发展的依赖。从全球范围来看，占地球水体97%的海洋中蕴藏的资源较陆地的资源丰富得多，海洋可谓是资源的"聚宝盆"。

1. 海洋物质资源

全球范围内对海水及其化学资源、矿产资源、生物资源的开发和利用技术是较为成熟的。在人类目前已知的100多种元素中，海水所囊括的就高达90多种，每立方千米的海水中所包含的化学物质约有3570吨。因此，从某种意义上来说，海水不仅是水，而

且是一种可开发的液体资源。人们既可以直接利用海水，也能够
从海水中提取各类盐或化学元素。

目前，海水主要被直接用于工业生产和商业运营，部分也
被用于农业及生活领域（见表 1-2）。提高海水资源的利用效
率能够有效缓解生产、生活领域的淡水供给压力。同时，随着
海水淡化工艺的逐渐成熟，海水淡化已成为人们应对陆地淡水
危机的重要手段之一。据统计，全球已开始进行海水淡化的国
家超过 120 个，世界范围内的海水淡化工厂约有 1.4 万座，其
中 9000 座已经正常运转，日均生产淡化海水 2600 万立方米。
特别是在中东等缺水地区，淡化海水量已经占其淡水总供应量
的 80% ~ 90%。①

表 1-2　海水可被直接利用的领域

领　域	用　途
工　业	冷却、水淬、洗涤、净化、除尘
农　业	海水养殖、海水灌溉
生　活	冲厕、洗刷、消防、浴池、游泳池
商　业	海水淡化

除了海水淡化外，随着海洋盐业的发展，从海水中提取的各类
盐或化学元素也非常丰富（见表 1-3）。通常来说，海洋盐业是指
利用海水和滨海地下卤水晒盐的生产活动，也包含以原盐为原料加
工制成盐产品的生产活动。海盐生产多选址在地势平坦的泥质沙滩，
通常发生在降水少、气温高且蒸发旺盛的沿海地区。其生产流程主
要包括纳潮、制卤、结晶、堆坨四个过程。海盐是人类生存的必需

---

① 　朱晓东等：《海洋资源概论》，高等教育出版社，2005。

品和重要的工业原料，海盐产品以钠盐、镁盐、钾盐、钙盐为主。

表1-3 全球海水中主要化学资源含量

单位：亿吨

元素	氯化钠	镁	溴	钾	碘	铷	锂	金	银	铀	重水
含量	4亿	1800万	950万	500万	8200	1900万	2600万	0.05	5	450	200万

注：根据《海洋与社会协调发展战略》（崔凤、唐国建，海洋出版社，2014）第13页数据整理而得。

海水是一宝，海洋所储备的矿产（见表1-4）也是宝。全球海域内所蕴含的矿产资源非常丰富，其中以海洋油气资源最为重要。按照分布海域的地理位置不同，可将海洋油气资源划分为近海大陆架上的油气资源和深海区的油气资源两部分。根据最新勘探研究的统计结果，世界海洋石油储备量高达1450亿吨，天然气约有45万亿立方米。目前，海洋石油年产量超过13亿吨，占世界石油年度总产量的40%。除了传统的能源矿产石油和天然气外，近年来，科学家们还发现了一种更富前景的海洋能源——天然气水合物。天然气水合物又称可燃冰，是在特定温度和压力条件下，天然气与水分子结合形成的白色固态结晶，主要成分是甲烷，易燃烧、能量高、杂质少，燃烧后几乎无污染，是未来清洁能源的主力军。据勘探结果估计，全球海洋天然气水合物矿层厚度和规模较大，其储量是现有石油、天然气储量的两倍。

表1-4 全球主要海洋矿产资源储量

单位：亿吨，亿立方米

矿产类别	石 油	天然气	锰 矿	镍 矿	钴 矿	铜 矿
储 量	1450	45万	4000	146	58	88

注：根据《海洋与社会协调发展战略》（崔凤、唐国建，海洋出版社，2014）第13页数据整理而得。

　　除海洋油气资源之外，海洋矿产资源还包括砂矿、煤矿、多金属结核等。全球范围内已探明的具有工业价值的滨海砂矿有30种以上，如金刚石、金、铂、锡石、钛铁矿等。海洋砂矿主要以建筑砂砾、工业砂矿、矿物砂矿为主，其价值仅次于海洋石油和天然气。另外，海底多金属结核矿也是重要的海洋矿产资源，富含铁、锰、铜、钴、镍等金属元素，呈棕黑色结核状，主要分布在水深为4~6千米的海底沉淀物上，其全球储量约为3万亿吨，主要分布在太平洋海域。[①]

　　海洋生物资源是一类能够自行繁殖和更新的海洋资源，主要特点是通过生物种群的新老交替，其种群数量可不断得到补充，并且它可以通过一定的自我调节能力达到种群规模的相对稳定。已发现的海洋生物门类约有30种，主要包含对人类有用的海洋动物和海洋植物。且陆地上有的生物门类，海洋中都有，但海洋中的某些门类，陆地上没有。其中，鱼类是海洋生物资源中捕捞量最大的物种之一，也是水产品的主体部分。全球海洋鱼类约有20000种，具有捕捞价值的鱼类仅有200多种，产量高于1000万吨的海洋鱼类仅有8种。上述数据足以说明海洋生物资源储量丰富且种类多样。

2. 海洋能量资源

　　对海洋能量资源的开发利用主要是指利用海洋自身的动能、热能、势能等自然能量补充陆地能源的不足，其中包括潮汐能、波浪能、海流能、温差能、盐度差能等。潮汐是海洋的一种自然现象，在太阳和月球的引力作用下产生。古人将白天的潮汐称为

---

① 侯国祥、王志鹏：《海洋资源与环境》，华中科技大学出版社，2013。

"潮"，夜晚的潮汐称为"汐"。就潮汐能来说，全球海洋的潮汐能约有 30 亿千瓦，年发电量可达 1.2 万亿千瓦时。

波浪的产生主要源于风力，但在根本上也源自太阳能差异所形成的气压梯度。全球海洋的波浪能储备达 700 亿千瓦，其中可供开发的波浪能有 20 亿~30 亿千瓦，年发电量可达 90 万亿千瓦时。

海流是指海洋中部分水体的远程定向流动，是由风、全球范围内海水密度不均和海面倾斜等因素造成的。海流不同于潮流，潮流的形成是因为涨落潮引起海水双向流动。一般来说，潮流与海流并非相互独立，通常是混合存在的。近海潮流强，而在大洋中心则以海流为主。据估算，世界范围内海水的流动过程中蕴藏的海流能约有 50 亿千瓦，但由于开发难度较大，能够为人类利用的不足 1 亿千瓦。

以海水水体的温度差形式储存的热能被称为温差能。水平方向来看，温差的形成源于太阳的辐射，随着纬度的升高，海水温度降低，此处海水与赤道海水之间的温差变大。纵深方向来看，由于海水透射阳光的能力有限，伴随海水深度增加，水体温度下降，其与表层水体温度之间亦能形成水温差。海洋科技的发展使得人类可开发利用的温差能达 20 亿千瓦。

盐度差能是指两种浓度不同的溶液之间的渗透作用所产生的势能，其中海水与淡水之间的盐度差能最具代表性。目前，盐度差能的开发方式主要有盐度差发电和盐度差电池两种。全球盐度差能蕴藏量约为 26 亿千瓦，具有储量大、可再生、无污染等优点。

3. 海洋空间资源

海洋空间资源的利用主要针对海洋水域、海洋上空、海底空间及海岸空间。对海洋水域的开发利用体现在海上航道建设方面。

以海上航道为基础发展海上交通运输能够将世界大多数国家和地区连接起来，促进国际贸易的发展。海运由于具有运量大、运程远、运费低等优点，成为洲际商业往来的主要运输方式。

对海洋上空空间资源的利用主要体现为海上桥梁和海上机场的建设。海上桥梁的建设具有打破隔绝、便利交通的意义，而海上机场的建设则能够扩大飞机运输和攻击的范围。所以，对海洋上空空间资源的利用不仅具有运输意义，而且具有军事战略意义。

对海底空间的利用主要体现在围填海造陆和海洋倾废基地建设方面。围填海造陆是指充分利用海洋广袤的空间资源来补充有限的陆地资源，缓解人类用地紧张问题。海洋倾废则是指向海洋倾倒或深埋废弃物以减轻陆地环境污染的压力，特别是对不可降解废弃物的深埋能够有效地保证陆地生存环境的可持续发展。

对海岸空间的利用主要表现为滩涂养殖、港口建设、滨海旅游等。利用天然的海洋水体资源培育和养殖海产品既能降低生产成本和生产危险性系数，又能最大可能地保证水产品的天然属性，满足更大范围的消费者群体的需求。海岸港口则是贸易往来的"必需品"，可为船舶停泊靠岸提供避风港，保障货物的安全。滨海旅游是指充分利用海岸带的自然风光，为人们休闲度假提供娱乐放松的场所。近年来，随着海洋旅游资源的开发和滨海旅游基础设施的完善，滨海旅游业蓬勃发展起来。

在现代海洋资源的开发利用过程中，海洋石油和天然气的开采、海上运输、海洋捕捞、海水养殖、海盐制造等产业规模巨大，已发展成为较为成熟的海洋资源产业。而海水淡化、海洋能利用、海底工程建设等产业正在快速发展中。深海采矿、海洋医药等新兴海洋产业则尚处于试验和萌芽阶段，未来发展潜力不可估量。

第二节 海洋资源环境面临的危机

人类的发展历史是一个人与自然资源相互竞争却又彼此共生的过程。在全球人口数量迅速增长的今天，陆地各类资源供应出现了相对紧张的局面，人们已经把缓解资源紧张的战略重点转移到对海洋的开发利用过程中，以期从海洋资源中获得陆地生存资源的替代品。现代海洋科技的发展固然使得海洋资源的开发变得更加便捷，但是人类对海洋资源无序、无度、无偿的开发和利用往往容易忽略海洋资源环境的承受能力，对海洋资源环境本身造成严重破坏。当前海洋资源环境面临的危机主要包括海洋环境污染与生态破坏及海洋资源的过度开发。

一 海洋环境污染与生态破坏

首先，海洋环境污染集中体现为海水水体污染。按照污染源不同，可进一步将海水水体污染分为陆源污染、海源污染和空源污染三部分。

陆源污染是指人类活动所产生的污染物通过直接排放、河流携带等陆源输送方式进入海洋，从而对海洋环境造成严重污染与破坏。据统计，海洋中的污染物质 80% 以上来自陆地。因此，控制陆源污染物质排向海洋是养护海洋环境、促进海洋资源可持续利用的重要前提。自 1995 年联合国环境规划署提出以来，《保护海洋环境免受陆基活动影响的全球行动纲领》（*Global Programme of Action for the Marine Environment from Land – based Activities*，GPA）得到了全球超过 160 个海岸带国家和地区的积极响应。但从近年来全球海洋生态环境质量逐年恶化的趋势中可以看出，GPA 的实施效果并不理想，其实施没有从根本上改善陆源污染的排放控制问题。

全球范围内的陆源污染物质主要包含生活污水和工业废水。因此，如何降低生活污水及工业废水的处理成本，提高污水处理效率，改善各排污口的水质状况成为现代海洋水体环境养护的重要课题。此外，农业生产过程中残留在土壤中的农药、化肥也是陆源污染物的重要组成部分。农业生产中植物对农药和化肥的吸收率最高仅为 30% ~ 40%，其他大都残留在土壤中随雨水汇入海洋，成为陆源污染物质。陆地的生活污水和工农业生产污水的排放入海使近海海域水体富营养化，在水温适宜、静风、静水等特定环境下，海水中的某些浮游植物、原生动物或细菌暴发性增殖从而引起水体变色，形成赤潮灾害。赤潮的发生使得海洋中的鱼类和其他海洋生物因缺氧窒息死亡，严重破坏海洋生态系统，而且有毒藻类的大量繁殖使得藻类毒素进入食物链从而进一步威胁人们的生命健康。

海源污染主要是指由各类溢油、漏油事故引起的油污染。随着全球能源消耗量的持续增加，海上石油的运输量大幅上升，海洋石油勘探开发的规模也日渐扩大，因此全球海洋发生溢油、漏油事故的可能性也相应升高。据统计，全世界每年经由各渠道进入海洋的石油有 600 万 ~ 1000 万吨，大约占世界石油年产量的 0.5%。这不仅仅造成海洋石油资源的浪费，更是对海洋资源环境的污染与破坏。石油泄漏后浮于水体之上形成的油膜能够阻碍大气与水体之间的气体交换，导致海水缺氧，进而影响海域动植物生长。同时，海洋石油污染还会影响海面对电磁辐射的吸收、传递和反射，破坏滨海风景区及海滨浴场的水体环境。2010 年 4 月，英国石油公司在美国墨西哥湾租用的钻井平台发生爆炸事故，大量石油泄漏，造成巨大环境和经济损失。该钻井平台的漏油量从最初的每天 5000 桶上升至每天 25000～30000 桶，在海面上形成长 200 千米、宽 100 千米的原油漂浮带，此次事故成为美国历史上最严重的油污灾难。该事件导致美国墨西哥湾沿岸的湿地和海滩环境被毁，渔业资源受损严重，许多脆弱的物种灭绝，整个墨西哥湾海洋生态系统遭遇"灭顶之灾"。

空源污染主要是指排放到空气中的酸性气体（主要包含碳、硫、氮等元素）与海洋水体发生化学反应，使得海水 pH 下降，水体酸化的现象。化石燃料的燃烧排放出大量含碳、硫、氮等元素的气体，其中约有 1/3 被海洋吸收，溶解在海水中形成碳酸、硫酸、硝酸。海水变酸不利于海洋生物碳酸盐的形成和保存，进一步导致以碳酸盐为骨骼的生物在群落结构的演替和种间竞争中失去优势，生物多样性受到威胁，从而通过食物链的作用影响整个海洋生态系统功能的发挥。2009 年签署的旨在检视海洋酸化的《摩纳哥宣言》指出，目前海水酸碱值的变化速度比过去自然改变的速度快 100 倍，已经严重影响海洋生态环境的健康发展。酸性气体的持续增加将导致珊瑚礁无法在多数海域生存，渔业资源结构永久改变，粮食安全危机爆发。该宣言呼吁世界各国应当控制并减少酸性气体的排放量，避免或延缓海洋酸化等生态问题发生。

其次，海洋生态破坏主要体现在近岸围填海和大型水利工程的建设对海岸带及近海海域的生态影响上。海岸带不仅为沿海人民提供了栖息、养殖、建设港口、休闲等所需的空间资源，而且具有调节气候、净化污染、促进生态循环等生态服务功能。世界范围内的大型城市大多位于沿海经济发达地区，人口密集、工业扩张、用地紧张，向海洋拓展生存空间成为其解决土地资源短缺的重要手段。从最初的围海晒盐，到后来的围垦滩涂，将其扩展成工农业用地，再到围垦养殖，围填海技术日益成熟。而政府对围填海项目的规划与管理宽松，审批周期缩短，项目实施进度加快，造成海湾面积缩小，海岸线缩短，滨海湿地面积骤减，水动力下降，打乱了近岸生态环境自我恢复的生态节奏，使得近海水体水质恶化日益加重。以山东青岛胶州湾为例，从20世纪初期至今，胶州湾水域面积持续缩减。20世纪50年代之前河流输沙是该海湾面积缩小的主要原因，50年代以后人类的围填海工程成为这一变化的主要影响因素，且围填海工程所造成的海湾面积缩减速度是自然状态下的210倍[①]，这引发了一系列生态问题。青岛市有六个区和两个县级市环湾而建，因此胶州湾承纳了青岛大部分的生活、工业废水和船舶、养殖污水。20世纪50年代以前，自然状态下的胶州湾可以通过涨落潮、水体交换等方式将污染物扩散到湾外，胶州湾生态环境整体处于平衡、健康状态。而随着海湾围填海工程建设量的增多，海湾面积及纳潮量减小，其自净能力变差，湾内污染严重，生态失衡。由此推断，其他海域的围填海工程对近岸海洋生态系统的影响也可能存在上述问题。

　　流域内大型水利工程的建设能够对近岸海洋环境造成重大影响。一方面，水利工程的建设的确能够改善流域内的航运状况，同时有利于开发水电资源，具有防洪、防旱的积极作用。另一方

[①] 刘洪滨、孙丽、何新颖：《山东省围填海造地管理浅探——以胶州湾为例》，《海岸工程》2010年第1期，第24页。

面，大型水利工程改变了河流入海口的径流量和输沙量，同时也改变了下游水体的生源要素和营养盐等维持河口生态系统健康的各类要素的比例，进而影响了近岸生态系统的可持续发展。近岸海域水体的营养盐结构改变，盐水入侵率升高，使得各类经济鱼类的繁衍受到影响，对生态系统中的物种产生冲击。世界上约80%的渔产品来自河口及近海区域，而这主要依赖河流携带的淡水及营养物质的支撑。流域内水利工程建设改变了河口及近海水体环境，使得浮游动植物种群发生改变，极易造成河口及近海渔业衰退。如非洲加纳阿科松博水坝（Akosombo Dam）的运行使得沃尔特（Volta River）河口曾经繁荣的渔业衰退甚至消失。

另据美国国家地理中文网报道，美国将于2020年之前完成拆除克拉马斯河上大坝的工作，重新恢复长达676千米的鱼类栖息地，某些鱼类的数量有望增长80%。① 克拉马斯河渔场是美国西海岸第三大渔场，每年有1万~14.9万条奇努克鲑和1.8万~3万条北美鳟鱼洄游到克拉马斯河完成繁殖。但在过去的一个世纪里，由于克拉马斯河上大坝的存在阻挡了鱼类的洄游、繁殖，当地部落失去了重要的食物来源。此外，水质恶化，有毒藻类大量繁殖，水温升高，疾病蔓延使得河中的鱼类大批量死亡（见图1-1），对河流、河口及其附近海域造成的经济和环境损失巨大。

大坝的拆除使其辖区内的河流和渔场获得了重生。据统计，截至2015年，美国境内拆除的大坝已经超过1300座。而今，河流和海洋不再只是人们水力发电、农渔业生产和经济增长的工具。随着人

---

① 《活久见！美国即将开启史上最大规模大坝拆除项目》，国家地理中文网，http://www.nationalgeographic.com.cn/，最后访问日期为2016年10月3日。

图 1 - 1 在克拉马斯河最古老的大坝后面，一位生物学家在对科普柯湖水取样，湖水因蓝藻细菌而变成糊状（在夏季，当水温升高时，有毒的微生物就会大肆繁殖）

资料来源：图片转引自国家地理中文网，http://www.nationalgeographic.com.cn/，最后访问日期为 2016 年 10 月 3 日。

们环境保护意识的增强，我们将采用环境保护立法、工程修复等更加多样化的行动，为逐渐减少的鱼类和其他物种免于灭绝提供庇护。

二 海洋资源的过度开发

海洋资源的价值是无法估量的，人类的未来取决于海洋及其所提供的资源。然而，世界自然基金会 2007 年 6 月于法兰克福发表的报告显示，全世界 70% 的海洋生物遭到过度捕捞，其中包括 77% 的渔业资源，而 2015 年世界自然基金会又将这一数据更新至 90%。在全世界 15 个主要渔区中，有 11 个渔区的捕捞量下降严重，61.3% 的主要鱼类资源已经被充分开发，28.8% 的主要鱼类资源正在遭受过度开发、已枯竭或正在从枯竭状态中恢复。特别是太平洋蓝鳍金枪鱼，其数量相比未捕捞前下降了 96%。① 据统计，

① 《重振海洋经济：2015 年行动方案》，世界自然基金会，http://www.wwfchina.org/，最后访问日期为 2016 年 9 月 26 日。

世界渔业资源的捕捞量每年可达 8600 万吨，预计到 2050 年，世界鱼类贸易将陷入停滞。①

对海洋资源的过度开发，特别是对渔业资源的过度捕捞造成诸多后果。首先，全球各海域内鱼群的分布密度降低。以我国为例，20 世纪 50 年代我国海域内鱼群密度为 1，60 年代下降至 0.6 ~ 0.7，70 年代又减少至 0.3 ~ 0.4，80 年代开始这一数据更降低至 0.2。其次，渔获物的质量日趋劣化。20 世纪 50 年代，我国优质和劣质渔获物比例为 8 : 2，60 年代这一比例为 6 : 4，70 年代为 4 : 6，80 年代下降到 2 : 8。再次，渔获物中鱼类年龄组成日趋低龄化、早熟化发展。最后，未成熟幼鱼和产卵前亲鱼被过度捕捞，造成生长型和补充型鱼类数量骤减，渔业资源的可再生性受到破坏。②

因过度捕捞，世界范围内的传统经济鱼类资源结构遭到破坏，渔业资源面临衰退危机。传统经济鱼类资源的幼鱼被大量捕捞导致已经衰退的鱼类种群难以恢复。传统优质经济鱼类资源的继续减少，属于传统优质经济鱼类饵料的低质鱼类的数量升高，原先经济价值较低的一些鱼类资源逐渐上升为主要渔获种类。

海洋资源的过度开发，不仅仅表现为渔业资源的衰退。海洋物种的减少和栖息地的缩减使得海洋地球生命力指数③在 1970 ~ 2010 年下降了 39%。红树林的毁灭速度甚至是陆地森林消失速度

---

① 《世界自然基金会警告全球海洋资源遭过度开发》，人民网，http：//env.peo-ple.com.cn/，最后访问日期为 2016 年 9 月 26 日。
② 辛仁臣、刘豪、关翔宇：《海洋资源》，化学工业出版社，2013。
③ 海洋地球生命力指数是基于 900 余种哺乳类、鸟类、爬行类和鱼类海洋生物的发展趋势的有关全球生物多样性状况的一个指标。

的 3 ~ 5 倍，世界上 50% 的珊瑚和 29% 的海草业已消失。[①] 正如历史学家说的那样"虽然人类正在获得越来越多的知识，变得越来越能依照自己的意愿去改造环境，但却不能使自己所处的环境变得更适合于居住"[②]。我们在发展海洋科技、探索海洋资源奥秘的同时，一定要兼顾海洋资源环境的养护，让海洋持续地为人类发展提供便利。

第三节 人类社会与海洋共生共荣

自人类诞生以来，对海洋资源开发的实践活动就已存在，并且这一活动贯穿整个人类发展历史。同样，世界范围内的文化交流也是依赖海洋而得以进行的。因此，人类社会的发展与海洋息息相关，透过海洋发展的历史能够使我们更加深刻地认识人类社会发展的历史。具体来看，全球范围内的政权势力有的通过海洋积极开展对外交流，有的则拒绝与海外进行交流，但世界发展的主导权通常掌握在积极促进海洋交流的政权势力手中。

一 公元前~18 世纪：海洋知识逐步获取和积累的时期

人类对海洋的利用历史已久。据史书记载，早在公元前，我国就出现了以海洋相关活动为主业的族群——北方沿海地区的东夷族群和南方沿海地区的百越族群。东夷和百越族人善于从事海洋生产，其精湛的航海技术使得他们能够通过海上航道将海洋产

---

① 《重振海洋经济：2015 年行动方案》，世界自然基金会，http：//www.wwfchina.org/，最后访问日期为 2016 年 9 月 26 日。

② 〔美〕斯塔夫里阿诺斯：《全球通史》（第 7 版），北京大学出版社，2006。

品输送至中原地区，如用于占卜的龟甲和作为早期货币的贝壳。除西进北上地向中原输送海洋文明外，东夷和百越族人还通过海上漂流和航海活动逐岛迁徙，将海洋文明传播至朝鲜半岛、日本、东南亚地区，奠定了"亚洲地中海"文化圈的初期格局，中国沿海区域因此被誉为世界海洋文明发祥地之一。①

指南针在航海活动中的普遍应用使得人类经由海洋能够去往更远的地方，这也标志着计量航海时代的到来。15世纪初期，郑和率船队南下印度洋，集结的人员、船只之多，航行范围之广，持续时间之长都证明了人类对海洋知识的丰富积累和熟练运用。而指南针在欧洲的传播和应用更是开启了世界历史的大航海时代。从哥伦布先后四次跨越大西洋发现美洲大陆，到麦哲伦船队完成环球航行，一系列的海洋活动给欧洲王室带来的财富使得对海洋的探索意味着对财富的挖掘，葡萄牙、西班牙、荷兰、英国等正是借由海洋完成了早期的资本积累，确立了早期海上霸权地位。海洋为人们提供了便利的通道以发展远洋国际贸易，进行经济产品和物种的交换，其间物质资本得到迅速积累，从而进一步推动了世界经济发展的步伐。18世纪下半叶，工业革命在英国率先开始，蒸汽机的改进和大规模应用使得工场手工业迅速被机器生产所替代，商品生产效率的大幅提高推动了国际贸易的迅速发展，也强化了英国政权势力对世界范围内殖民地的广泛控制。正是海洋，使得英国创造了"日不落帝国"的神话，也正是海洋，奠定了欧洲在世界历史乃至当今世界经济中处于发展领先地位的

---

① 杨国桢：《中华海洋文明的时代划分》，载李庆新主编《海洋史研究》（第五辑），社会科学文献出版社，2013。

基础。①

二　19～21世纪：海洋科技向广度和深度发展时期

在 19 世纪以前，海洋主要为人们的商业交往、国际贸易和殖民地控制提供了便利的交通通道。19 世纪以来，随着蒸汽机的广泛应用，物质竞争更加激烈。物质生活的改善促进了科学技术的发展，海洋科技发展的广度和深度较前一时期都有显著提高。而今天，海洋不再仅仅被人类视作商品运输的通道，同时也是人类生存的新空间和蕴藏资源的蓝色宝库。海洋比历史上的任何时期更加重要，世界各国对海洋权益的争夺也比以往更加激烈。

19 世纪以来，世界上大规模的环球航行不再仅仅以商业利益和政治目标为导向，也具备了科学勘探与考察的功能。1872～1876年，英国"挑战者"号顺利完成了环球航行考察工作，航程总计约 70000 海里，在除北冰洋以外的三大洋及南极海域进行了多学科的综合性海洋观测。此次海洋科考共发现 4700 多种海洋生物新品种，成果包括以海洋底栖生物、海洋浮游生物和深海鱼类为主的各类标本和大量海底沉积物样品。此次考察还对 362 个站位进行了水文观测，在 133 个站位进行了深水拖网作业，在 492 个站位做了深度测量，其中在马里亚纳海域测得 8180 米的最大深度。这是世界上首例环球海洋科考，标志着人类对海洋的探险精神转变为真正的海洋科学研究，是近代海洋科学的开端。在此后的海洋科技发展中，一系列更先进的研究船和海洋科考设备相继被发明出来，

---

① 张椿年：《地理大发现后西方海洋霸权大国的兴衰交替》，载李庆新主编《海洋史研究》（第五辑），社会科学文献出版社，2013。

如盐温探仪、气象卫星、海洋卫星、深水器、水下机器人等。大量海洋理论在这一时期被提出，如板块构造理论、大洋环流理论等。全球海洋科技的蓬勃发展使得人类的触角伸向更远、更深的大洋，也为人类更好地认识海洋、开发利用海洋提供了支撑。

三 人类社会与海洋共生共荣、协调发展

由上述两段时期人类与海洋的紧密关系，我们总结出，人类社会与海洋之间是一种共生共荣、协调发展的关系。人类社会的发展并不必然以破坏海洋资源环境为代价，遵循海洋环境自我修复与发展的规律也并不会阻碍人类社会前进的步伐。共生共荣的人海关系意味着人类社会与海洋之间互利共生、协同发展。应通过养护海洋资源环境来保障人类社会的可持续发展，同时人类社会的发展也应当兼顾对海洋资源环境的养护，以使得两者之间形成一种正反馈的关系。

"共生"一词源自生物学概念，是指两种生物之间所形成的紧密互利关系。而我们在人海关系中借用"共生"一词，主要包含以下两个层面的内容。首先，人类与海洋生命体共享生存权和发展权。所有生命体都享有生存权和发展权，无论是人类还是海洋生命体，都应该尊重彼此生的权利。一方面，无论是作为个体的人，还是作为推动社会发展的人类整体都享有基本的生存和发展权利。如果人的生存和发展权利受到威胁，那么海洋生命体的权利也将无法得到保障。另一方面，海洋生命体也具有生存和发展的权利，如果海洋生物的生存权受到威胁，人类社会的发展也将无法得到保障。因此，人类社会的发展不能以牺牲海洋的发展权益为代价，只有健康的海洋资源环境才能保障人类社会的可持续发展。

其次，人类社会与海洋以相互依存的方式构成完整的生存链。人类社会与海洋并非各自封闭、互相远离的，而是互相依存，协同发展的。海洋物种的命运在很大程度上取决于人类，而人类社会的生存与发展状态也取决于海洋资源的发展状况。为了实现社会发展的可持续性，人类必须以友善的姿态对待海洋。只有这样，海洋才会同样以友善的姿态回馈人类社会。

"共荣"是"共生"概念的深化，是指人类社会与海洋双方各自通过改善对方的生存与发展状态进而改善自身的生存和发展状态，以实现彼此的良性互动。具体来说"共荣"具有以下两层含义。首先，人类社会与海洋资源环境的存在状态均得到优化或改善。共荣不是指人类社会原有发展状态的简单延续，也不是原有海洋资源环境存在状态的单纯保持，而是两者共同改善、共同提高。一方面，人类社会的生存发展状况得到优化；另一方面，海洋资源环境的质量也得到提高。

其次，人类社会生存与发展状态的改善与海洋资源环境质量的提高之间存在互惠互利的因果关系。海洋资源的丰富有利于人类社会生活质量的提高。海洋生态的改善会为人类提供更加舒适的生存环境和更加丰富的海洋资源。同理，人类社会生存和发展状况的优化更加有利于海洋资源环境的改善，人们无须再为基本的生存而对海洋资源进行掠夺式开发。以"共荣"实现人类社会与海洋的"互利、共赢"发展，使一方的繁荣发展成为另一方繁荣的原因。①

---

① 崔建霞：《共生共荣：人与自然的和谐发展》，《北京理工大学学报》（社会科学版）2003 年第 6 期，第 59 页。

据经济学家统计，每年沿海和海洋生态系统为人类社会提供的资源的价值保守估计为 2.5 万亿美元，如果将海洋视为一种资产，其总价值约是这个数字的 10 倍（见图 1 - 2）。而海底的石油、天然气，海面的风能以及海洋在气候调节上的作用都未被包含在该估价范围之内。

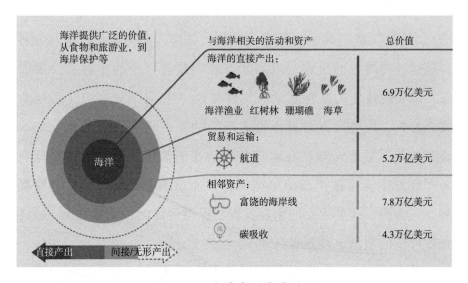

图 1 - 2　全球海洋资产价值

资料来源：《重振海洋经济：2015 年行动方案》，世界自然基金会，http：//www. wwfchina. org/，最后访问日期为 2016 年 9 月 26 日。

海洋不仅给人类社会带来了空前丰富的物质生活，而且刺激了海洋文化的形成和繁荣。海洋文化是在先民们涉海生产生活实践过程中形成的具有地域性特征的文化。海洋文化发展至今主要表现为海岛文化、海防文化、航海文化、海洋渔业文化、海洋祭祀文化、海洋体育文化、海洋文学艺术等形式。[①] 海洋文化的发展也

---

① 崔凤等：《海洋社会学的构建——基本概念与体系框架》，社会科学文献出版社，2014。

促进了人类开放意识、包容意识、忧患意识、环保意识等观念的形成，帮助人们逐渐形成正确的海洋观，进而有助于人类社会对海洋资源环境进行养护和可持续开发利用。开放意识使人们脱离陆地的禁锢将眼光放眼大洋彼岸，谋求新的发展契机；包容意识使人们以宽广的心胸接纳海洋文明；海洋的危险性和流动性特征告诉人们要防患于未然；海洋资源的有限性、海洋环境的脆弱性都警示我们若要获得长远发展，必须树立人海共生共荣的海洋观，倍加珍视海洋资源。

第二章 《2030 年可持续发展议程》目标 14 的解读

2015 年 9 月，在美国纽约召开的联合国可持续发展峰会上，各成员国通过了《2030 年可持续发展议程》。这是一项针对人类、地球与繁荣而制订的行动计划。所有国家和所有利益攸关方将携手合作，共同执行这一计划。该议程公布了 17 个可持续发展目标和 169 个具体目标，这些目标寻求巩固"千年发展目标"，完成以前尚未完成的事业。这些目标是一个不可分割的整体，从经济、社会和环境三个方面兼顾可持续发展。这些目标将促使人们在未来 15 年内，在相关重要领域采取行动。

第一节 《2030 年可持续发展议程》目标 14 的提出背景

联合国于 1945 年成立，是一个由主权国家组成的国际组织，现有会员国 193 个。联合国自成立之初就致力于海洋管理，组织了多次国际会议，通过了众多国际公约，为实现海洋环境的养护和海洋资源的可持续利用做出了巨大贡献。

联合国先后于 1958 年、1960 年和 1982 年召开了三次联合国海洋法会议，最终于 1982 年通过了《联合国海洋法公约》(*United Nations Convention on the Law of the Sea*)，为当代人合理管理海洋及为子孙后代养护海洋环境提供了一个通用的法律框架，人类的所有海上活动都必须在这个框架中进行。这是一部涉及人与海洋相互作用所有方面的"海洋宪法"，旨在"顾及所有国家主权的情形下，为海洋建立一种法律秩序，以便利国际交通和促进海洋的和平用途，海洋资源公平而有效的利用，海洋生物资源的养护以及研究、保护和保全海洋环境"①。在联合国的努力与协调下，《联合国海洋法公约》中阐明的基本原则"各海洋区域的种种问题都是彼此密切相关的，有必要作为一个整体来加以考虑"② 得以生效。

1972 年 6 月 5 ~ 16 日，在瑞典首都斯德哥尔摩召开了讨论当代环境问题的第一次国际会议——联合国人类环境会议，会议通过了《联合国人类环境宣言》(*Declaration on the Human Environment*，即《斯德哥尔摩宣言》)，宣言提出"保护和改善人类环境是关系到全世界各国人民的幸福和经济发展的重要问题，也是全世界各国人民的迫切希望和各国政府的责任"③。其中，"共同的信念"第七点申明："各国应该采取一切可能的步骤来防止海洋受到那些会对人类健康造成危害的、损害生物资源和破坏海洋生物舒适环境的或妨害对海洋进行其它合法利用的物质的污染。"④ 在这次会议上，各

---

① 《联合国海洋法公约》，联合国官网，http：//www.un.org，最后访问日期为 2016 年 11 月 20 日。

② 《联合国海洋法公约》，联合国官网，http：//www.un.org，最后访问日期为 2016 年 11 月 20 日。

③ 联合国：《联合国人类环境宣言》，1972。

④ 联合国：《联合国人类环境宣言》，1972。

国一致同意在联合国框架下成立一个负责世界环境事务的组织来统一协调和规划有关环境方面的世界事务，即联合国环境规划署（United Nations Environment Programme，UNEP）。

1982 年 5 月 10～18 日，为了纪念斯德哥尔摩联合国人类环境会议召开十周年，联合国环境规划署在肯尼亚首都内罗毕召开了特别会议，会议通过了《内罗毕宣言》（Nairobi Declaration）。该宣言指出"海洋的污染……进一步严重威胁人类的环境"[1]，认为要防止海洋污染，需制定新的方案和公约以及推动现有方案和公约的执行以便保护区域性海域，需进一步制定于环境无害的开发与探测近海石油与海底矿藏的方法，继续制定各种方案以评价和控制陆地来源和海洋来源污染物对半封闭海的污染。

1987 年 2 月，在日本东京召开的第八次世界环境与发展大会（World Conference on Environment and Development）通过了世界环境与发展委员会（World Commission on Environment and Development，WCED）关于人类未来的报告——《我们共同的未来》（Our Common Future）。该报告指出我们需要一条新的发展道路，这条道路不是一条仅能在若干年内、在若干地方支持人类进步的道路，而是一直到遥远的未来都能支持世界人类进步的道路。随后发表的《东京宣言》（Tokyo Declaration，1987）直接明了地指出可持续发展就是"既满足当代人的需要，又不对子孙后代满足其需要的能力构成危害的发展方式"，同时预期"到 2000 年及其后要成功地向可持续发展转变"[2]。

---

[1] 李金昌：《关于内罗毕宣言的一点说明》，《环境保护》1983 年第 3 期，第 29～30 页。

[2] 世界环境与发展委员会：《我们共同的未来》，吉林人民出版社，1997。

1992 年 6 月 3 ~ 14 日，在巴西里约热内卢举行了联合国环境与发展会议，此次会议通过了《里约环境与发展宣言》（*Declaration on Environment and Development, Rio De Janeiro*），该宣言又被称为"地球宪章"（Earth Charter）。它是继《联合国人类环境宣言》和《内罗毕宣言》之后又一份环境保护方面的世界性宣言，为建立一种新的、公平的世界伙伴关系指明了方向。此次会议通过了实现 21 世纪环境和发展目标的行动计划——《21 世纪议程》（*Agenda 21*）。该议程第十七章"保护大洋和各种海洋，包括封闭和半封闭海以及沿海区，并保护、合理利用和开发其生物资源"阐明了养护海洋环境和可持续利用海洋资源的基本行动方案。此次会议期间还召开了关于小岛发展中国家的国际会议，签署了针对迁移的、不稳定的渔业资源的相关协议。

1997 年 9 月，联合国大会第九届特别会议提出了《进一步执行〈21 世纪议程〉方案》，总结了自联合国环境与发展会议（1992 年）以来相关方在环境保护与经济发展方面所取得的成就。该方案第二部分"部门与问题"的第 36 条专门提到，自 1992 年联合国环境与发展会议以来，改进渔业资源管理、养护海洋环境方面的谈判都取得了进展，较为顺利地签订了各项协定和自愿文书。但许多鱼类资源减少，弃置率高，以及海洋污染日益严重。因此，该方案提议各国政府应充分利用即将到来的 1998 年国际海洋年所带来的机遇和挑战，继续改进国家、区域和世界各级的决策以满足在海洋环境方面改进世界决策的需要。

1999 年 4 月，在联合国经济及社会理事会可持续发展委员会（Commission on Sustainable Development, CSD）的第七届会议上，该委员会专门审查了在执行《21 世纪议程》第 17 章及其他相关章节方面所取得的进展。此次会议决定在 1999 年 11 月 24 日展开一个不限成员名额的非正式协商进程，以便大会每年能够通过审议秘书长关于海洋和海洋法的报告，通过提出可由其审议的具体问题，有效地、建设性地审查海洋事务的发展情况。

2000 年 9 月，在联合国首脑会议上共有 189 个国家签署了《联合国千年宣言》（United Nations Millennium Declaration）。该宣言认为"必须根据可持续发展的规律，在对所有生物和自然资源进行管理时谨慎行事。只有这样，才能保护大自然给我们的无穷财富并把它们交给我们的子孙。为了我们今后的利益和我们后代的福祉，必须改变目前不可持续的生产和消费方式"①。同时，此次会议上确定了为期 15 年的联合国千年发展目标（Millennium Development Goals, MDGs）。其中，第 7 个和第 8 个目标分别是"确保环境的可持续能力"和"制定促进发展的全球伙伴关系"。

2002 年 8 月 26 日 ~ 9 月 4 日，在南非约翰内斯堡召开了可持续发展问题世界首脑会议（World Summit on Sustainable Development），此次会议回顾了 1992 年"地球首脑会议"以来相关方在可持续发展方面所取得的成绩，通过了《约翰内斯堡可持续发展宣言》（Declaration on Sustainable Development, Johannesburg）和《可持续发展问题世界首脑会议执行计划》（World Summit on Sustainable Development Plan of Implementation）。其中，《约翰内斯堡可持续发展宣言》提到："全球环境继续遭殃……鱼类继续耗竭……海洋污染继续毁灭了无数人安逸的生活。"②《可持续发展问题世界

① 《联合国千年宣言》，联合国官网，http://www.un.org，最后访问日期为 2016 年 11 月 20 日。
② 联合国：《约翰内斯堡可持续发展宣言》，2002。

首脑会议执行计划》第 30 条提出："大洋、各种海洋、岛屿和沿岸地区是地球生态系统的完整和必要的组成部分,是全球粮食安全、可持续经济繁荣和许多国家经济体,尤其是发展中国家的幸福的关键。保证海洋的可持续发展需要有关机构包括在世界和区域两级进行有效协调和合作,并在各级采取行动。"[①] 在此次会议上,各国还确定将维持和恢复渔业储量作为有达成时限的目标。

2012 年 6 月,在巴西里约热内卢举办了联合国可持续发展大会(United Nations Conference on Sustainable Development),即"里约 + 20"峰会。此次会议旨在推动落实 1992 年里约热内卢联合国环境与发展会议和 2002 年约翰内斯堡可持续发展问题世界首脑会议达成的共识,全面评估国际社会在可持续发展领域的进展情况,查找差距和不足,结合既定的目标和新问题、新挑战,特别是发展中国家面临的实际困难和新挑战,推动可持续发展国际合作以取得积极成果。此次会议希望在 2015 年以后,将此前的《21 世纪议程》的相关目标、千年发展目标等逐步整合为可持续发展目标(Sustainable Development Goals,SDGs)。此次会议形成的成果性文件《我们希望的未来》(*The Future We Want*)的第 158 条提到"海洋和沿海地区构成地球生态系统中一个重要有机组成部分,对于地球生态系统的维系至关重要……我们强调海洋及其资源的养护和可持续利用对可持续发展的重要性,因为这有利于消除贫穷、实现持续经济增长、保证粮食安全、创造可持续生计及体面工作,同时也保护生物多样性和海洋环境,应对气候变化的影响"[②],肯

---

① 联合国:《可持续发展问题世界首脑会议执行计划》,2002。
② 联合国:《我们希望的未来》,2012。

定了《联合国海洋法公约》的作用，认为"《联合国海洋法公约》中反映的国际法为海洋及其资源的养护和可持续利用确立了法律框架"①。最后，该条款提出了长远的目标："我们承诺保护和恢复海洋及海洋生态系统的健康、生产力和回弹力，维护其生物多样性，使其得到养护，能供今世后代可持续利用，并在依照国际法管理影响海洋环境的活动时有效运用生态系统方法，采取预防方针，在可持续发展的所有三个层面都取得成果。"②

2015 年 9 月，在纽约的联合国总部举行了联合国可持续发展峰会（United Nations Summit on Sustainable Development），有超过 150 位国家元首和政府首脑出席，此次大会通过了一份旨在推动世界和平和繁荣、促进人类可持续发展的议程，即《变革我们的世界：2030 年可持续发展议程》。该议程涵盖的 17 个可持续发展目标已于 2016 年 1 月 1 日正式生效。新设立的 17 项可持续发展目标对应可持续发展方面经济增长、社会包容性和环境可持续性这三个相互联系的元素。新目标寻求巩固千年发展目标，完成千年发展目标尚未完成的事业，强调呼吁所有国家共同采取行动，促进繁荣并保护地球。希望创建"一个以可持续的方式进行生产消费和使用从空气到土地，从河流、湖泊和地下蓄水层到海洋的各种自然环境资源的世界"。

其中目标 14 是："保护和可持续利用海洋和海洋资源以促进可持续发展。"其具体目标如下。

14.1：到 2025 年，预防和大幅减少各类海洋污染，特别是陆

① 联合国：《我们希望的未来》，2012。
② 联合国：《我们希望的未来》，2012。

上活动造成的污染，包括海洋废弃物污染和营养盐污染。

14.2：到 2020 年，通过加强抵御灾害能力等方式，可持续管理和保护海洋和沿海生态系统，以免产生重大负面影响，并采取行动帮助它们恢复原状，使海洋保持健康，物产丰富。

14.3：通过在各层级加强科学合作等方式，减少和应对海洋酸化的影响。

14.4：到 2020 年，有效规范捕捞活动，终止过度捕捞、非法、未报告和无管制的捕捞活动以及破坏性捕捞做法，执行科学的管理计划，以便在尽可能短的时间内使鱼群量至少恢复到其生态特征允许的能产生最高可持续产量的水平。

14.5：到 2020 年，根据国内和国际法，并基于现有的最佳科学资料，保护至少 10% 的沿海和海洋区域。

14.6：到 2020 年，禁止某些助长过剩产能和过度捕捞的渔业补贴，取消助长非法、未报告和无管制捕捞活动的补贴，避免出台新的这类补贴，同时承认给予发展中国家和最不发达国家合理、有效的特殊和差别待遇应是世界贸易组织渔业补贴谈判的一个不可或缺的组成部分。

14.7：到 2030 年，增加小岛屿发展中国家和最不发达国家通过可持续利用海洋资源获得的经济收益，包括可持续地管理渔业、水产养殖业和旅游业。

14.a：根据政府间海洋学委员会《海洋技术转让标准和准则》，增加科学知识，培养研究能力和转让海洋技术，以便改善海洋的健康，增加海洋生物多样性对发展中国家，特别是小岛屿发展中国家和最不发达国家发展的贡献。

14.b：向小规模个体渔民提供获取海洋资源和市场准入机会。

14. c：按照《我们希望的未来》第158段所述，根据《联合国海洋法公约》所规定的保护和可持续利用海洋及其资源的国际法律框架，加强海洋和海洋资源的保护和可持续利用。

第二节　海洋环境养护有关内容的解读

海洋环境包括大洋和各种海洋以及邻接的沿海区域，是一个整体，是地球生命支持系统的一个基本组成部分，也是一种有助于实现可持续发展的宝贵财富。海洋环境是海洋生物存在、发展和保持海洋生物多样性的基本条件，也是人类生存最大的和最重要的环境之一。

海洋环境的任何变化都会影响海洋生态系统，导致海洋资源状况发生变化，从而直接或间接地影响人类的生存和发展。《联合国海洋法公约》第一九二条规定"各国有保护和保全海洋环境的义务"。①《2030年可持续发展议程》从防止和减少海洋污染、对海洋和沿海生态系统进行可持续管理和保护、减少和应对海洋酸化的影响、保护沿海和海洋区域及发展海洋科技五个方面对海洋环境养护提出了要求。

一　防止和减少海洋污染

《2030年可持续发展议程》的目标14.1指出："到2025年，预防和大幅减少各类海洋污染，特别是陆上活动造成的污染，包

---

① 《联合国海洋法公约》，联合国官网，http：//www.un.org，最后访问日期为2016年11月20日。

括海洋废弃物污染和营养盐污染。"即要求国际社会防止和减少海洋污染。

人类直接或间接地把物质或能量引入海洋环境，以致造成或可能造成损害生物资源和海洋生物、危害人类健康、妨碍包括捕鱼和海洋的其他正当用途在内的各种海洋活动、损坏海水使用质量和减损环境优美等有害影响。[①] 目前，世界范围内海洋污染情况十分严峻，对人类的可持续发展造成巨大威胁。

早在 1972 年，《联合国人类环境宣言》就提出："各国应该采取一切可能的步骤来防止海洋受到那些会对人类健康造成危害的、损害生物资源和破坏海洋生物舒适环境的或妨害对海洋进行其它合法利用的物质的污染。"[②] 随后，《联合国海洋法公约》第十二部分"海洋环境的保护和保全"对治理海洋污染做出了详细的规定，从一九二条到二三七条共 46 条，分为 11 节，分别是"一般规定"、"全球性和区域性合作"、"技术援助"、"监测和环境评价"、"防止、减少和控制海洋环境污染的国际规则和国内立法"、"执行"、"保障办法"、"冰封区域"、"责任"、"主权豁免"和"关于保护和保全海洋环境的其他公约所规定的义务"。直到此时，国际社会针对海洋污染提出的治理措施仍都是笼统而模糊的。

实际上，海洋污染来源多且情况复杂，有直接被排放到海洋的工业废水、生活污水、海洋废弃物，同时人类在陆地上生产生

---

① 《联合国海洋法公约》，联合国官网，http://www.un.org，最后访问日期为 2016 年 11 月 20 日。

② 《联合国人类环境宣言》，联合国官网，http://www.un.org，最后访问日期为 2016 年 11 月 20 日。

活所产生的污染物，也会通过江河径流、大气扩散和雨雪等降水形式而最终进入海洋。这些陆上活动造成的污染恰恰是海洋污染最主要的源头，联合国环境规划署在 2001 年发布的报告《保护海洋免受陆基活动危害》明确指出：有 80% 的海洋污染来自陆地。其实在此之前，联合国环境规划署就已于 1985 年起草了《保护海洋环境免受陆源污染的蒙特利尔准则》，该准则的制定旨在帮助各国制定有关保护海洋环境免受陆源污染的国际协定和国家立法。此准则提出"各国应预防、削减和控制海洋污染，并确保陆源排放不污染其国家管辖区域以外的海洋环境……开展国际性、地区性和局部性合作，以限制陆源污染，非沿海国家应控制其领土上那些到达海洋的污染物释放；所有国家均应限制那些排放入海的共享水道的污染"①。而《21 世纪议程》第 17 章 B 模块针对陆上活动造成的污染提出了更明确的目标，即"防止、减轻和控制陆上活动造成的海洋环境退化"。该议程还提出了两方面措施，一方面要"通过金融和技术支助同发展中国家合作，在最大限度上切合实际地控制和减少持续有毒的或生物蓄积的物质和废物，并建立无害环境的陆基废物处理系统，取代向海洋倾弃"，另一方面要"合作开发和实施无害环境的土地利用技术和做法，以减少水道和港湾可能对海洋环境造成污染或退化的径流"。②

　　海洋污染持续性强，危害大。污染物进入海洋后很难再转移

---

① 《关于陆基的蒙特利尔指导准则》，《产业与环境》（中文版）1993 年第 Z1 期，第 6 页。

② 《21 世纪议程》，联合国官网，http：//www.un.org，最后访问日期为 2016 年 11 月 20 日。

出去，以工矿业废渣、塑料、城市垃圾为主的海洋废弃物以及重金属和有机氯化物在短期内很难被自然分解，在海洋中不断积累而逐年增多，从而对海洋生态环境造成巨大的破坏，并且这些污染物可以通过被生物摄取而沿着食物链传递和富集，极大地威胁了海洋生物和人类的生命安全。

2002 年的《可持续发展问题世界首脑会议的报告》针对海洋废弃物特别提到"在 2002 至 2006 年期间特别侧重注意城市废水"[①]，并呼吁各国要密切关注放射性废弃物，认为放射性废弃物已经并且在未来的时间段内将对人类和海洋环境造成破坏，敦促各国"必须设立有效的涉及下列方面的赔偿责任机制：辐射性材料、辐射性废物和用过的核燃料的国际海上运输和其他跨边界移动，其中特别包括依照有关国际文书事先通知和协商的安排"[②]。

营养盐污染来源比较复杂，包括工业排出的纤维素、糖醛、油脂，生活污水、人畜的粪便、洗涤剂和食物残渣以及化肥的残液等。这些物质被直接大量排入海洋易造成水体富营养化，使特定的生物在短时间内大量繁殖，剧烈地消耗海水中的氧气，继而使海水缺氧，引起海洋生物的大量死亡，导致赤潮暴发。

《21 世纪议程》针对营养盐污染提出了三个有效措施，分别是"消除有可能在海洋环境中累积到危险水平的一些有机卤的排放"，"减少有可能在海洋环境中累积到危险水平的其他有机化合物的排放"以及"限制向沿海水域排放由人类活动产生的氮气和磷，以

---

① 《可持续发展问题世界首脑会议的报告》，联合国官网，http：//www.un.org，最后访问日期为 2016 年 11 月 15 日。

② 《可持续发展问题世界首脑会议的报告》，联合国官网，http：//www.un.org，最后访问日期为 2016 年 11 月 15 日。

免出现诸如水体加富过程等问题，从而威胁到海洋环境或其资源"。①

另外，联合国大会第九届特别会议（1997 年）还提出，需要加强实施关于海洋污染的现有国际和区域协定，特别是要确保改进经济规划、反映及责任和赔偿机制。

海洋污染对海洋生态环境的破坏力大，持续时间长，因此在以往的各种国际性会议中被不断提及，各类国际性宣言、文书都反复要求减少海洋污染，并根据海洋污染的现状与时俱进地提出了不同种类海洋污染的应对措施。当下海洋污染问题依然严峻，因此《2030 年可持续发展议程》对于治理海洋污染的态度依然十分坚决，提出具有时限性的总体目标——"到 2025 年，预防和大幅减少各类海洋污染"，同时也要求该总体目标与国际社会治理海洋污染的总体趋势保持一致，特别关注陆源污染，以及因此造成的海洋废弃物污染和营养盐污染。

二 对海洋和沿海生态系统进行可持续管理和保护

《2030 年可持续发展议程》的目标 14.2 指出："到 2020 年，通过加强抵御灾害能力等方式，可持续管理和保护海洋和沿海生态系统，以免产生重大负面影响，并采取行动帮助它们恢复原状，使海洋保持健康，物产丰富。"即要求国际社会对海洋和沿海生态系统进行可持续管理和保护。

海洋生态系统、陆地生态系统和湿地（湖泊、河流）并称为地

---

① 《21 世纪议程》，联合国官网，http：//www.un.org，最后访问日期为 2016 年 11 月 20 日。

球的三大生态系统。海洋生物群落与海洋非生物环境之间相互联系、相互作用，形成海洋生态系统这个物质不断循环、能量连续流动的统一整体。海洋生态系统为人类发展提供了大量资源，也具有重要的环境功能，海洋植物通过光合作用产生的氧气占世界氧气生产总量的 70%；从海洋中蒸发的水汽为陆地提供了大量的淡水资源；海洋还吸收了大量热量，对世界气候起到调节平衡的作用。

但是由于受到部分人类活动的干扰，海洋生态系统正在失去调节能力，以至于海洋生态系统逐渐失衡。人为地迁入或迁出系统中的重要种类，增加或者减少重要种类的数量都会引起生态系统中生物种类组成的改变。向海洋输入营养物质过多，不适当的海洋工程（比如围海、填海或者在河流下游筑坝等）都会引起海洋生态系统中环境因素的改变。少量特殊的污染物质进入海洋后可以通过瓦解海洋生物的化学信息系统，直接迅速地破坏海洋生态系统。其中，海洋生态系统中许多典型的脆弱生态系统受到的危害更为严重，比如目前岌岌可危的珊瑚礁生态系统和红树林生态系统。而部分远岸生态系统也由于人类活动范围的扩大而受到影响，比如目前还未受到国际社会关注的深海生态系统和外洋生态系统。

可持续管理和保护海洋与沿海生态系统主要谋求的是，保存和恢复已改变的危急生境，使得人类在不损害海洋生态系统健康和生产力的前提下，能够从海洋生态系统中获得最大的经济效益和社会效益。

《21 世纪议程》建议实施海洋和沿海生态系统的可持续管理和保护要采纳国家协调机制，全方位、长时间、多主体地共同实现海洋环境的养护和海洋资源的可持续利用。

建立健全海洋和沿海生态系统可持续管理和养护的国家协调

机制首先要做的是，科学认识海洋和沿海生态系统，通过编写国家级海洋公报，确认包括被侵蚀地带在内的危急地区、各个区域发展的自然进程和发展模式等基本情况，为各级行政部门的管理提供基本情报。在此基础上进行相关区域常态化的环境影响评价，将相关评价结果纳入政府决策。与此同时，制订应急计划，以应对人类活动造成的污染事件以及各类自然灾害。

养护海洋环境是一个系统性的大工程，单纯地对海洋和沿海生态系统进行可持续管理是远远不够的。各国政府需要用整体性思维来统筹制订影响沿海区域人类居住区、农业、旅游业、渔业、港口和工业的可持续发展的部门方案。与此同时，还要加紧改善沿海人类居住区环境，尤其是优化污水、固体废物和工业废水的处理和处置，推广无害环境的技术和可持续的方法，拟制并同时实施环境质量标准；在适当的级别上实施综合沿海和海洋管理以及可持续发展的计划和方案。

三 减少和应对海洋酸化的影响

《2030 年可持续发展议程》的目标 14.3 指出："通过在各层级加强科学合作等方式，减少和应对海洋酸化的影响。"即要求国际社会减少和应对海洋酸化的影响。

自工业革命以来，人类活动产生了大量二氧化碳，大气中的二氧化碳体积分数持续升高。而海洋作为地球表面最大的碳库，吸收的二氧化碳量①和其他酸性气体量也在不断增加，继而导致海

---

① 海洋可以不间断地从大气中吸收二氧化碳，吸收速率每天可达 2500 多万吨（平均每小时 100 万吨以上）。

水酸度增加。海洋酸化将对海洋环境造成巨大影响，海水酸性的增加将改变海水的化学平衡，使依赖于化学环境稳定性的多种海洋生物面临巨大威胁。海水酸化会改变海洋生物种群间的竞争条件，进而引起海洋食物网效应，从而导致海洋生物种群变化。海水酸化将严重影响钙化生物（如珊瑚虫、颗石藻、浮游软体动物等）的外壳和骨架的石灰化过程，从而把这部分钙化生物推到灭绝的悬崖边。这些生物的减少或者消亡又将改变海洋食物网系统，影响海洋生态系统中碳的迁移速率。

在过去 200 年间，海洋中的氢离子浓度已经上升了 30%，21 世纪它将再增加 3 倍。[①] 这种酸化速度是在过去 3 亿年间从未出现过的，并且按照这个速度持续发展，到 22 世纪海洋将是一个极度酸性环境。

海水酸化问题受到关注的时间比较晚。2004 年，政府间海洋学委员会（Intergovernmental Oceanographic Commission，IOC）和海洋研究科学委员会（Scientific Committee on Oceanic Research，ICSU）联合组织了首次国际层次的讨论海洋酸化问题的专题会议——第一届高浓度二氧化碳世界中的海洋研讨会。

值得我们注意的是，海水酸化问题是个复合型问题。它的出现不仅仅与海洋有关，更与碳排放以及万众瞩目的气候变化问题息息相关，因此在"气候变化"这一国际议题中得到重视。早在1992 年，里约热内卢联合国环境与发展会议就通过了《联合国气候变化框架公约》（*United Nations Framework Convention on Cli-*

---

① 陈清、彭海君：《海洋酸化的生态危害研究进展》，《科技导报》2009 年第 19 期，第 108～111 页。

mate Change，UNFCCC），此后高级别的联合国气候变化大会每年都会召开。最近一次的气候大会是 2015 年在巴黎召开的第 21 届联合国气候变化大会，此次会议通过的《巴黎协定》（*The Paris Agreement*）已经于 2016 年 11 月 4 日正式生效，该协定提出"建立一个机制，供缔约方自愿使用，以促进温室气体排放的减缓，支持可持续发展"。

过去，海水酸化问题常常被视为气候变化问题的附属物而不受重视，同时又因为处在气候变化问题和海洋环境养护问题的交叉区域而地位尴尬。但是，近些年来这一状况得到了改善，2009 年 9 月联合国经济及社会理事会（Economic and Social Council，ECOSOC）、联合国海洋事务和海洋法司（United Nations Division for Ocean Affairs and the Law of the Sea）和联合国儿童基金会（United Nations International Children's Emergency Fund，UNICEF）在纽约召开了海洋酸化专家小组会议（Expert Panel on Ocean Acidification）。此次会议聚集了海洋生物和生态系统方面的专家和海洋酸化的利益相关者，他们强调减少和应对海洋酸化的影响需要超越科学界，向媒体和教育系统寻求援助。

减少和应对海洋酸化的影响最终将落实在气候变化问题上，如果在各国的共同合作和努力之下，气候变化问题得以解决，那么海洋酸化问题也将迎刃而解。然而，目前国际社会在应对气候变化问题上分歧严重，相关工作进展缓慢，因此彻底解决海洋酸化问题也是遥遥无期的。不过好在科学界对海洋酸化问题日益重视，在各级科学机构的共同努力下，海洋酸化问题将得到一定程度的缓解。

四 保护沿海和海洋区域

《2030 年可持续发展议程》的目标 14.5 指出："到 2020 年，根据国内和国际法，并基于现有的最佳科学资料，保护至少 10% 的沿海和海洋区域。"即要求国际社会保护沿海和海洋区域。

《联合国海洋法公约》将沿海和海洋"区域"认定为"国家管辖范围以外的海床和洋底及其底土"。① 在目标 14.5 中，受保护的沿海和海洋区域主要指代由各国和地区建立的海洋保护区。国际自然保护联盟（International Union for Conservation of Nature, IUCN）认为海洋保护区是"任何通过法律程序或其他有效方式建立的，对其中部分或全部环境进行封闭保护的潮间带或潮下带陆架区域，包括其上覆水体及相关的动植物群落、历史及文化属性"。②

海洋保护区从渔业资源保护层面来看并不是一个新概念，实际上它已经以其他形式存在了上千年。为了实现渔业资源的可持续利用，过去传统的以海洋捕捞为主的社区会依据当地传统或法律在特定时间封闭海域，规定特定的"休渔期"。而如今建立海洋保护区既可以保护海洋物种和它们赖以生存的海洋环境，保持海洋生物多样性，也有助于恢复渔业资源、管理旅游活动和减少海洋资源利用者之间的矛盾。

1995 年，国际自然保护联盟在《具有世界代表性的海洋保护区网络》（*A Global Representative System of Marine Protected*）一书中

---

① 《联合国海洋法公约》，联合国官网，http://www.un.org，最后访问日期为 2016 年 11 月 20 日。

② "Marine," International Union for Conservation of Nature, https://www.iucn.org/theme/protected-areas/wcpa/what-we-do/marine, 2016-11-20.

写道："海洋保护区的总面积不到世界海洋面积的 1%，其中不到 10% 的现有海洋保护区达到其管理目标"。① 2003 年，包括海岸带保护区在内的世界海洋保护区总量达到 3858 个。沿海和海洋保护区域的迅速扩张带给国际社会极大的自信心。同年，在南非德班举行的第五届世界国家公园大会（World Parks Congress）正式提出，到 2012 年要建立起世界范围的海洋保护区网络体系，将各类海洋生境的至少 20% ~ 30% 区域纳入严格保护的海洋保护区中。

然而结果并不如人所愿，在德班提出的目标最终化作泡影。国际自然保护联盟于 2016 年 9 月出版的《世界保护报告 2016》（Protected Planet Report 2016）指出："海洋保护区覆盖面积不到世界陆地面积和内陆水域的 15%，仅仅略多于由各国管辖的沿海和海洋区域的 10%，以及相当于'区域'海洋面积的 4%。"②

尽管目前的海洋保护区规模与 10% 目标仍有较大的差距，但是海洋保护区的建设发展速度依然惊人。2016 年 9 月 15 ~ 16 日，第三届"我们的海洋"国际会议在美国首都华盛顿召开，该会议指出 2016 年世界新增海洋保护区面积创新高，已达到 233 万平方千米，超过 2015 年创纪录的 189 万平方千米。因此，我们有理由相信，"到 2020 年……至少保护 10% 的沿海和海洋区域"这一目标是可以实现的。

1975 年，国际自然保护联盟在东京召开了第一届海洋保护区会议（Conference on Marine Protected Areas），此次会议主张建立全球共同监管的海洋保护区系统。联合国大会第九届特别会议

---

① 国际自然保护联盟：《具有世界代表性的海洋保护区网络》，1995。
② 国际自然保护联盟：《世界保护报告 2016》，2016。

（1997 年）肯定了国际自然保护联盟的提议，表示要促进沿海和海洋区域保护的国际合作，并明确表态会在需要时制定促进海洋环境养护和海洋资源可持续利用的区域和分区域协定。随后，国际自然保护联盟在 1999 年编写出版了《海洋保护区指南》，为规范海洋保护区建设，建设具有代表性的海洋保护区网络提供了技术性支持。

2002 年，在南非约翰内斯堡召开的可持续发展问题世界首脑会议承诺，"到 2012 年，在科学信息的基础上，建成与国际法相一致的海洋保护区，其中包括建成具有代表性的海洋保护区网络"[1]。此外，此次会议通过的《可持续发展问题世界首脑会议执行计划》第 32 条提出："实施《拉姆萨尔公约》，包括与《生物多样性公约》和《国际珊瑚礁倡议》要求执行的行动方案有关的联合工作方案，加强联合管理计划和沿海区湿地生态系统，包括珊瑚礁、红树林、海草床和感潮淤泥地的国际网络。"[2] 目前，国际自然保护联盟和世界保护区委员会（World Commission on Protected Areas, WCPA）联合在对相关区域进行深入了解后，以限定生态边界和海洋保护区的全球目标为基准，设立海洋保护区并实施监视，提供技术支持以及和当地社区合作实现部分海洋保护区的共同管理。

五 发展海洋科技

《2030 年可持续发展议程》的目标 14. a 指出："根据政府间海洋学委员会《海洋技术转让标准和准则》，增加科学知识，培养研

---

[1] 《海洋与海洋法秘书长的报告》，联合国官网，http://www.un.org，最后访问日期为 2016 年 11 月 20 日。

[2] 联合国：《可持续发展问题世界首脑会议执行计划》，2002。

究能力和转让海洋技术，以便改善海洋的健康，增加海洋生物多样性对发展中国家，特别是小岛屿发展中国家和最不发达国家发展的贡献。"即要求国际社会发展海洋科技。

从 20 世纪开始，由于人类的需求不断增长，海洋科技发展十分迅猛，海洋化学、海洋生物学和海洋地质学等学科日新月异、成果斐然。海洋环境和海洋资源的特点决定了海洋科技的覆盖范围是全球性的，但是由于国与国之间、区域与区域之间在地理、历史、政治和经济等方面存在差异，世界范围内的海洋科技发展是极为不均衡的。因此，通过科研交流和海洋技术的转让可以提升全世界的海洋科技水平，有助于更好地养护海洋环境和可持续利用海洋资源。

《联合国海洋法公约》第一四四条专门对"技术的转让"做出了详细解释，授予各国取得有关"区域"内活动的技术和科学知识的权力，同时该公约还要求"促进和鼓励向发展中国家转让这种技术和科学知识，使所有缔约国都从其中得到利益"。① 该公约第十四部分从"合法利益的保护""基本目标""实现基本目标的措施""国际合作""国家和区域性海洋科学和技术中心""国际组织间的合作"六个方面对海洋技术发展和转让的促进做出了详细的规定。

《21 世纪议程》对增加科学知识、培养研究能力提出了三个目标："装备有系统地观测人类及其他方面对海洋环境影响的实验室设备"、"研究如何利用易于在海洋中积存的长期存在的有机

---

① 《联合国海洋法公约》，联合国官网，http://www.un.org，最后访问日期为 2016 年 11 月 20 日。

卤素以查明无法适当控制的卤素，并为某一时限内尽速于可行时逐步消除这些卤素，提供做成决定的基础"和"建立关于海洋污染控制包括过程和技术的资料交换所，以进行海洋污染控制"。①

政府间海洋学委员会于 1996 年正式宣告成立，它是一个在联合国教科文组织（United Nations Educational, Scientific and Cultural Organization, UNESCO）下设立的自治机构，其宗旨是通过会员国的活动，促进海洋科学调查，以增进对海洋性质和资源的了解。政府间海洋学委员会促进和协调了海洋研究领域的合作调查。作为科学团体和公众的服务组织，政府间海洋学委员会提供了包括资料交换、海洋台站网、海洋学产品宣传等海洋服务。此外，政府间海洋学委员会还提供培训、教育和相互援助以保证所有感兴趣的成员国都可以充分地参加相关活动。2002 年，约翰内斯堡可持续发展问题世界首脑会议提出"将在 2004 年在联合国建立一个经常过程，在现有区域评估的基础上，就海洋环境包括社会经济方面的状况做出世界性的报告和评估"②。

在海洋科技的发展过程中，小岛屿发展中国家和最不发达国家明显处在弱势地位。国际社会对这些国家的关注度较高，《21 世纪议程》从这些国家的基本国情出发提出了"为发展中国家规划发展和应用低成本和低维修率下水道装置和污水处理技术"和"确认适合应付发展中国家污染紧急事故的合适的石油和化学物溢

---

① 《21 世纪议程》，联合国官网，http：//www.un.org，最后访问日期为 2016 年 11 月 20 日。

② 《可持续发展问题世界首脑会议的报告》，联合国官网，http：//www.un.org，最后访问日期为 2016 年 11 月 20 日。

漏控制物资，包括当地现成的低成本物资和技术"等科技手段[①]，使得小岛屿发展中国家和最不发达国家也能享受海洋技术带来的海洋环境改善和海洋生物多样性的恢复。

同时，国际社会以政府间海洋学委员会为中心，加强了与联合国粮食及农业组织（Food and Agriculture Organization of the United Nations，FAO）和国际海事组织（International Maritime Organization，IMO）等其他国际组织和区域组织的合作，旨在增加科学知识，培养研究能力，加强海洋环境养护和海洋资源可持续利用的能力建设。

第三节　海洋资源可持续利用有关内容的解读

《联合国海洋法公约》对海洋资源的界定是："'区域'内在海床及其下原来位置的一切固体、液体或气体矿物资源，其中包括多金属结核。"[②]

海洋资源有着与陆地资源截然不同的特性。具体表现在两个方面。第一，海洋资源具有共享性。《联合国海洋法公约》第一三六条明确表示"'区域'及其资源是人类的共同继承财产"。[③] 该公约指出，任何国家不应对"区域"的任何部分或其资源主张或行使主权或主权权利，任何国家或自然人或法人，也不应将"区

[①] 《21世纪议程》，联合国官网，http：//www. un. org，最后访问日期为2016年11月20日。

[②] 《联合国海洋法公约》，联合国官网，http：//www. un. org，最后访问日期为2016年11月20日。

[③] 《联合国海洋法公约》，联合国官网，http：//www. un. org，最后访问日期为2016年11月20日。

域"或其资源的任何部分据为己有。第二，海洋资源具有流动性。海水不是静止的而是时刻都在流动，溶解在海水中的矿物质随着海水流动而发生位移，海洋生物资源也在海洋中发生有规律的移动。这些特性为各国或各地区养护海洋环境和可持续利用海洋资源带来了阻碍和争议。

《2030 年可持续发展议程》从有效管制捕捞活动、优化渔业补贴政策、关注小岛屿发展中国家和最不发达国家及关注小户个体渔民四个方面对海洋资源的可持续利用提出了要求。

一 有效管制捕捞活动

《2030 年可持续发展议程》的目标 14.4 指出："到 2020 年，有效规范捕捞活动，终止过度捕捞、非法、未报告和无管制的捕捞活动以及破坏性捕捞做法，执行科学的管理计划，以便在尽可能短的时间内使鱼群量至少恢复到其生态特征允许的能产生最高可持续产量的水平。"即要求国际社会有效管制捕捞活动。

鱼类是海洋生物资源的主体，可以供人类直接食用，是人体所需动物蛋白和多种营养素的重要来源。全世界有鱼类 2.5 万到 3 万种，其中海产鱼类超过 1.6 万种。而能被人类捕捞的海洋鱼类约有 200 种，其中年产量不超过 5 万吨的占多数，大约有 140 种，年产量超过 100 万吨的仅有 12 种。世界各大洋中渔获量最多的海域是太平洋，其渔获量占世界渔获量的一半左右。

20 世纪以前，人类主要在陆地淡水、河口和海岸带进行渔业捕捞。进入 20 世纪，海洋渔业发展进入新时期，渔业捕捞量飞速上升，从 50 年代到 70 年代初，世界渔业产量以年均 6% 的速度增长，并在 70 年代进入稳定期。由于对海洋鱼类资源过度捕捞，许多海产品种的质量出现了明显的下降趋势，如狭鳕、大西洋鳕、太平洋鲐鱼等。

《联合国海洋法公约》肯定了"所有国家均有权由其国民在公海上捕鱼"，但是同时也规定了"所有国家均有义务为各该国国民采取，或与其他国家合作采取养护公海生物资源的必要措施"。此外，该公约对捕捞活动做出了"使捕捞的鱼种的数量维持在或恢复到能够生产最高持续产量的水平"的限制，并且提到"在适当情形下，应通过各主管国际组织，不论是分区域、区域或世界性的，并在所有有关国家的参加下，经常提供和交换可获得的科学情报、渔获量和渔捞努力量统计，以及其他有关养护鱼的种群的资料"。

国际社会早在20世纪末就一致认为非法、无管制和未报告的捕捞活动侵占了许多国家的重要天然资源，对这些国家的可持续发展是一种持久威胁。1992年，里约热内卢联合国环境与发展会议签署了迁移的、不稳定的渔业资源的相关协议，并承诺在《约翰内斯堡执行计划》的推动下消除非法、无管制和未报告的捕捞活动，并防止和打击这些做法。

联合国可持续发展委员会第四届会议强调了对鱼类资源进行有效养护和管理的必要性和重要性，特别强调要防止过量捕捞，并认为要实现这些目标，需要所有适当的国际论坛特别是联合国粮食及农业组织渔业委员会的大力推动，需要将国家和区域各级防止或消除过分的捕鱼的具体步骤确定下来。《21世纪议程》对具体的捕捞行为做出了指导，该议程提到"促进选定捕鱼器具和捕鱼方法的开发和使用，目的在于把目标种群捕获量的浪费减到最少，以及把附带捕获的非目标种群量减到最少""确保对捕鱼活动

进行有效的监测和管理"。① 1997 年，联合国大会第九届特别会议
向各国政府提出了通过管理措施和机制来防止和消除过度捕捞和
过分的捕鱼能力的建议。2002 年，约翰内斯堡可持续发展问题世
界首脑会议为实现可持续渔业的发展、实现维持种群数量或使之
恢复到可以生产最佳可持续产出的水平目标设定了期限。

在落实《2030 年可持续发展议程》相关目标的过程中，联
合国粮食及农业组织是目标 14.4 的具体负责机构，并将用"处
于生物可持续水平②的鱼类种群所占比例"和"各国在执行旨在
打击非法、不报告、不管制捕捞活动的相关国际文书方面所取得
的进展"③ 这两项指标来评估目标的完成情况。

二　优化渔业补贴政策

《2030 年可持续发展议程》的目标 14.6 指出："到 2020 年，
禁止某些助长过剩产能和过度捕捞的渔业补贴，取消助长非法、
未报告和无管制捕捞活动的补贴，避免出台新的这类补贴，同时
承认给予发展中国家和最不发达国家合理、有效的特殊和差别待
遇应是世界贸易组织渔业补贴谈判的一个不可或缺的组成部分。"
即要求国际社会优化渔业补贴政策。

19 世纪以来，全世界的主要渔业国一直对本国的渔业实施补
贴。而实施渔业补贴政策对世界鱼类种群和鱼品国际贸易模式造

---

① 《21 世纪议程》，联合国官网，http：//www. un. org，最后访问日期为 2016 年
11 月 20 日。

② 处于生物可持续水平指的是，被捕捞的种群丰量大于等于最大可持续产量。

③ 联合国粮食及农业组织：《2016 年世界渔业和水产养殖状况：为全面实现粮食
和营养安全做贡献》，2016。

成严重影响。由于存在补贴，渔业出现了资本过剩现象，人们建造了更多的渔船，从而使得渔业捕捞能力远远超过海洋可以持续供给的鱼类资源。

早在 1992 年，联合国粮食及农业组织就指出，渔业补贴对捕捞业有负面影响。世界贸易组织贸易与环境委员会（Committee on Trade and Environment，CTE）从 1996 年起就开始将渔业补贴议题列为其研究领域。关于环境与发展问题的十九届特别联大（1997年）呼吁各国政府应考虑通过国家、区域和适当的国际组织补贴渔业的养护和管理的积极和消极作用，并且根据这些分析考虑适当的行动。然而，即使国际社会已经注意到这些补贴政策给海洋带来的沉重负担，但一些主要渔业国仍无视大幅增加的渔获量对鱼类种群造成的破坏，反而继续为本国渔业提供补贴。为此，2002年召开的可持续发展问题世界首脑会议不得不明确提出取消相关补贴的建议，敦促各国要"消除补贴导致的非法、未报告和无管制的捕捞和产能过剩，完成世界贸易组织所致力的澄清和改善渔业补贴纪律工作"①。

麦莱佐在世界银行的资助下于 1998 年发表了《世界渔业补贴再考察》② 一文，该文章是目前有关世界渔业补贴研究最全面的报告之一。他将渔业补贴分为六大类："预算补贴：国内援助"、"非预算补贴：国外准入"、"非预算补贴：政府贴息贷款和税收优惠"、"跨行业补贴"、"资源租补贴"和"养护补贴"。目前，渔

---

① 《可持续发展问题世界首脑会议的报告》，联合国官网，http：//www. un. org，最后访问日期为 2016 年 11 月 20 日。

② M. Milazzo, "Subsidies in World Fisheries: A Reexamination," World Bank Technical Paper No. 406 Fisheries Series, 1998.

业补贴主要受到世界贸易组织《补贴与反补贴措施协议》（*Agreement on Subsidies and Countervailing Measures*）的规制，但是该协议主要关注的是补贴造成的市场扭曲，忽略了渔业补贴造成的环境破坏和资源浪费。

渔业补贴谈判作为国际贸易谈判的一个组成部分，早在世界贸易组织多哈回合谈判中就成为新千年贸易谈判的主要议题之一。《多哈发展议程》和《香港部长宣言》推进了关于渔业补贴问题的多边规章制定，加强了对渔业补贴的纪律约束，包括禁止助长产能过剩和过度捕捞的某些形式渔业补贴。此后，渔业补贴谈判进展迟缓。直到 2007 年，世界贸易组织渔业补贴问题谈判组主席才发布了一份关于渔业补贴规则的草案，该草案制定了针对各种补贴的纪律，包括一般应予禁止的补贴，同时还规定了可以例外的情况，主要是对科研、减少捕鱼能力、减轻渔业对环境的影响的补贴。

在渔业补贴谈判的过程中，各方代表也考虑到渔业在减少贫穷、维持生计和粮食安全等问题上发挥的重要作用，认同可持续发展问题世界首脑会议提出的观点：这一部门（渔业捕捞）对发展中国家十分重要[①]，愿意给发展中国家和最不发达国家以有效的、适当的特殊差别待遇，但是对于有关待遇的具体问题，各方并未达成一致。

联合国粮食及农业组织于 2002 年出版了《识别、评估和报告渔业领域补贴的指南》，为研究渔业补贴和编写相关报告提供了一

---

① 《约翰内斯堡首脑会议》，http：//www. un. org，最后访问日期为 2016 年 11 月 20 日。

项实用的工具。目前，联合国环境规划署技术、工业和经济局的经济和贸易分局（the Economic and Trade Branch of the Division of Technology，Industry and Economics）具体负责渔业补贴的相关工作。该组织自成立之初就与广大发展中国家保持着密切的联系，已经在阿根廷、塞内加尔、毛里塔尼亚和孟加拉国等国开展了渔业补贴的国别案例研究。

三 关注小岛屿发展中国家和最不发达国家

《2030 年可持续发展议程》的目标 14.7 指出："到 2030 年，增加小岛屿发展中国家和最不发达国家通过可持续利用海洋资源获得的经济收益，包括可持续地管理渔业、水产养殖业和旅游业。"即要求国际社会关注小岛屿发展中国家和最不发达国家。

《联合国宪章》开篇就申明"我联合国人民团结起来追求更美好的世界"。[1] 在全世界所有国家和全体人民都参与的发展中，尤其要注意最贫穷、最脆弱群体的需求，注意最脆弱的国家，特别是非洲国家、最不发达国家、内陆发展中国家和小岛屿发展中国家，致力于发展世界可持续发展伙伴关系。

小岛屿发展中国家（Small Island Developing States，SIDS）通常是国土面积较小的低海岸国家，这些国家生态脆弱且易受伤害，资源有限且在地理上与市场隔绝，在经济上处于不利地位，不能发展规模经济且出口基础差，同时还面临着更为严峻的环境挑战和外部经济冲击的双重风险，是可持续发展的一个需要受到关注

---

[1] 《联合国宪章》，联合国官网，http://www.un.org，最后访问日期为 2016 年 11 月 20 日。

的特例。《〈关于进一步执行小岛屿发展中国家可持续发展行动纲领的毛里求斯战略〉五年期审查》报告显示，相比较而言，小岛屿发展中国家取得的经济进步较小，甚至部分国家的经济出现了倒退。海平面上升和气候变化仍然是它们实现可持续发展的重大风险，一些国家可能会因此而丧失领土。① 目前，大部分小岛屿发展中国家已加入小岛屿国家联盟（Alliance of Small Island States, AOSIS），该联盟作为一个游说集团在联合国行动框架内为小岛屿发展中国家发声。

在 1967 年"77 国集团"通过的《阿尔及利亚宪章》中第一次出现了"最不发达国家"（Least Developed Country, LDC）这一概念。1971 年，联合国大会通过了正式把最不发达国家作为国家类别的 2678 号决议，并制定了衡量最不发达国家的 3 条经济和社会标准②。此后，由联合国经济和社会理事会发展政策委员会（Committee for Development Policy）负责每三年审定一次最不发达国家的标准制定、进入 LDC 名单及毕业问题。目前，最不发达国家有 48 个③，总人口约为 9 亿人，是国际社会中最贫穷和最弱势的成员。

小岛屿发展中国家和最不发达国家在可持续发展的规划和执行上都存在巨大而特殊的困难，需要国际社会的合作和援助。在

---

① 《〈关于进一步执行小岛屿发展中国家可持续发展行动纲领的毛里求斯战略〉五年期审查》，联合国官网，http：//www. un. org，最后访问日期为 2016 年 11 月 20 日。

② 这三条标准分别是：第一，人均国民生产总值在 975 美元以下；第二，在国内生产总值中制造业所占比重低于 10%；第三，人口识字率在 20% 以下。

③ 联合国经济和社会理事会发展政策委员会：《2014 年最不发达国家报告》，2015。

里约热内卢召开的联合国环境与发展会议（1992年）上，小岛屿发展中国家首次被视作一个独特的发展中国家群体。此次会议建议"研究小岛屿的特别环境与发展特征，编制一个环境概况及其自然资源、危及海洋生境和生物多样性的编目""结合环境的考虑以及经济部门的规划与政策，确定一些维持文化与生物多样性，保护濒临灭绝的物种和临危海洋生境的措施"。《21世纪议程》也特别提到："对环境与发展来说，小岛屿发展中国家是一种特殊情况。"① 因此，不难看出，对于小岛屿发展中国家而言，追求可持续发展应主要着眼于生态保护、维持和修复原有的生态系统。

1994年4月，小岛屿发展中国家可持续发展全球会议通过了《巴巴多斯行动纲领》（*Barbados Programme of Action*）。该行动纲领在国家、地区和国际层面提出了一系列支持小岛屿发展中国家可持续发展的具体行动和措施。随后举行的第十九届特别联大（1997年）提出要投入运行小岛屿发展中国家数据网以及资料交流中心，做好小岛屿的海洋生态环境养护工作。1999年9月，联合国大会举行特别会议评估《巴巴多斯行动纲领》执行五年来的进展情况。大会认定其进展情况"参差不齐"②，并确定了几个主要趋势，包括全球化有所增进、收入不平等扩大、全球环境持续恶化等。

① 《21世纪议程》，联合国官网，http：//www.un.org，最后访问日期为2016年11月20日。

② 《〈关于进一步执行小岛屿发展中国家可持续发展行动纲领的毛里求斯战略〉五年期审查》，联合国官网，http：//www.un.org，最后访问日期为2016年11月20日。

在可持续发展问题世界首脑会议（2002 年）上，各国重申小岛屿发展中国家情况特殊，并在《约翰内斯堡执行计划》中着重列出了一系列专门针对小岛屿发展中国家的问题，建议最不发达国家和小岛屿发展中国家发展与提高本国、本区域和分区域的海洋开发与保护能力，促进渔业基础设施的综合管理和可持续利用。2005 年，各国在毛里求斯的路易港举行会议讨论《巴巴多斯行动纲领》的执行情况。在此次会议上，各国一致通过了旨在促进落实该行动纲领的《毛里求斯战略》（Mauritius Strategy），并通过了《毛里求斯宣言》（Mauritius Declaration）。《毛里求斯战略》确定了 19 个优先领域的行动和战略，主要目标是支持小岛屿发展中国家实现千年发展目标。而《毛里求斯宣言》明确了要通过技术转让和发展、能力建设和人力资源开发等途径提高小岛屿发展中国家应对外来影响的复原能力。

2011 年，第四次联合国最不发达国家问题会议（United Nations Conference on the Least Developed Countries）在土耳其伊斯坦布尔举行。此次会议指出尽管每个国家都面临挑战，但所有最不发达国家面临更多的共同挑战，这些国家依然面临严重的贫穷和饥饿问题，在世界经济中继续被边缘化。在海洋环境养护和海洋资源可持续利用方面，此次会议特别提到要将粮食安全、营养保障和可持续管理海洋生物多样性和生态系统纳入各国的海洋和沿海资源管理计划和战略中去；国际社会支持最不发达国家根据国家优先事项酌情建立或加强海洋研发机构，并承诺向最不发达国家提供财政和技术援助，按照商定的条款进行技术转让。作为此次会议的主要成果，《2011～2020 十年期支援最不发达国家行动纲领》（《伊斯坦布尔行动纲领》）制定了"到 2020 年使最不发达国家中的半数达到脱离最不发达类别的标准"① 这一总体目标。

四 关注小户个体渔民

《2030 年可持续发展议程》的目标 14. b 指出："向小规模个体渔民提供获取海洋资源和市场准入机会。"即要求国际社会关注小户个体渔民。

以个体自给渔民、妇女渔工、土著居民为主要从业者的小规模渔业是世界渔业的重要组成部分。除了全职或兼职渔民和渔工的捕捞活动之外，季节性或临时性的捕捞活动也改善了数百万人口的生活状况。小户个体渔民是典型的自我就业者，其捕捞所得的渔获物一般直接供给家人或社区食用。而部分地区小户个体渔民的商业性捕捞活动及其衍生的海产品加工活动往往是推动当地经济发展的重要力量。

全球范围内对海洋环境的破坏和海洋资源的过度利用，导致部分海洋资源枯竭，已经严重影响了小户个体渔民对海洋资源的获取。同时，小规模渔业与海洋旅游业、大型规模化渔业和海水养殖业等其他产业的竞争日趋激烈。由于小规模渔业自身的孱弱性、零散性和原始性导致其处境越来越艰难，小户个体渔民在获取海洋资源、确保产品进入海洋产品市场、最终完成交易实现获利等诸多环节上都面临重重挑战，难以发出自己的声音，捍卫自己的人权以及确保可持续利用赖以生存的海洋资源。

2004 年，联合国粮食及农业组织在罗马发布了《改进捕捞渔

---

① 《第四次联合国最不发达国家问题会议报告》，联合国官网，http：//www. un. org，最后访问日期为 2016 年 11 月 20 日。

业状况和趋势的信息战略》（*Strategy for Improving Information on Status and Trends of Capture Fisheries*）。此战略为了解渔业状况和趋势提供了现有的最佳科学证据，为海洋生态资源养护、海洋资源可持续利用的渔业决策和管理提供了信息基础。该战略提出要加强发展中国家，尤其是其中的最不发达国家、小岛屿发展中国家的相关资料收集能力，以便它们能够履行收集渔业统计资料和进行渔业研究的现有承诺，从而使它们更充分地参与进来。

于 2014 年出台的《粮食安全和扶贫背景下保障可持续小规模渔业自愿准则》（*Voluntary Guidelines for Securing Sustainable Small - Scale Fisheries*，又称《小规模渔业准则》）以参与和伙伴关系为基础，在国家和地方层面通过区域和国际合作来维护小户个体渔民的人权，以实现渔业资源的可持续利用，支持全世界特别是发展中国家数百万小户个体渔民。该准则指出，在实现可持续、负责任渔业管理的同时，还要促进和改善小规模渔业社区的公平发展和社会经济条件。根据该准则的要求，联合国粮食及农业组织已经启动了一项伞形总体计划，支持各国政府和非国有行为方采取行动加强小规模渔业社区的粮食安全和抵御风险的能力。

第三章　世界海洋环境养护和海洋资源可持续利用现状

　　海洋是地球不可分割、不可忽视的重要组成部分，海洋对人类而言意义深远。海洋和沿海生态系统维持着全球超过 30 亿人口的生计，每年为人类创造超过 3 万亿美元的经济产值，而这部分产值占全球 GDP 的 5% 左右。[①] 海洋提供了维持人类生存、促进人类发展的诸如食物、药品、燃料等自然资源。海洋作为地球上最大的生态系统接收、分解了人类生产和生活带来的大部分废弃物和污染。沿海生态系统作为海洋和大陆之间的缓冲带降低了潮汐灾害给人类带来的损失。海洋吸收了超过 30% 的由人类生产和生活带来的二氧化碳，保持良好的海洋环境有助于缓解眼下令全人类十分头痛的气候变化问题。有效地养护海洋环境可以增加渔业产量和渔业收入，从而改善人们的健康状况，并且有助于减少贫困，同时可为女性提供更多小规模渔业作业机会，促进性别平等。

　　如今，全球 40% 的海洋受到人类活动的严重影响，海洋污染状况并没有得到缓解，被排放进海洋的各类污染物使海洋生物大

[①] 《可持续发展目标——17 个目标改变我们的世界》，联合国官网，http://www.un.org/sustainabledevelopment/zh/oceans/，最后访问日期为 2016 年 11 月 21 日。

量死亡甚至导致部分海洋物种灭绝，严重地破坏了生物的多样性，破坏了海洋环境。以珊瑚礁为例，目前全球约有 20% 的珊瑚礁被人为破坏并且没有再生可能，约有 24% 的珊瑚礁在人类的开发下处在濒危边缘，还有 26% 的珊瑚礁在不久的将来也会落入濒危的境地。①

目前，各国海洋管理不当导致过度捕捞现象普遍存在，根据联合国环境规划署估计，仅 2015 年全球就因此损失约 500 亿美元。此外，联合国环境规划署还指出，每年由海洋管理不当而造成的经济损失总和高达 2000 亿美元，并且在日益严重的气候变化问题的影响下，来自海洋的经济损失每年都会增加约 322 亿美元。②

为了实现海洋环境的养护和海洋资源的可持续利用，需要进一步加强国际合作，进一步开放全球海洋和探索深海；需要建立全面、有效、公平的海洋保护区以保护生物多样性和确保渔业资源未来的可持续发展。养护海洋环境需要大量资金投入。以维持生物多样性为例，仅 2015 年的一次性投入资金就高达 320 亿美元，除此之外每年还约需 210 亿美元的日常投入。③ 在个体层面上，我们应该选择海洋友好型生活方式，比如只消费必要的海产品，降低塑料袋的消费量，参加沙滩清洁公益活动等。此外，还需要借助大众传媒让更多的人了解海洋，意识到养护海洋环境和可持续

① 李元超、黄晖、董志军等：《珊瑚礁生态修复研究进展》，《生态学报》2008 年第 10 期，第 5047～5054 页。

② United Nations Environment Programme（UNEP），"Programme Performance Report 2014－2015，" 2015.

③ 联合国环境规划署：《全球展望 5——我们未来想要的环境》，2012。

利用海洋资源的重要性。

第一节　海洋环境养护

一　海洋污染及其治理

各海洋之间彼此沟通，共同组成覆盖地球表面近71%的统一水体，海洋是如此广阔以至于从前的人类错误地认为人类活动不会对海洋造成实际的污染。直到"一战"后，海上石油运输产业蒸蒸日上，人类才第一次发现海上频繁出现的大面积油膜会对海洋生物造成严重的伤害。1954年，在布鲁塞尔召开的第二次防止海洋污染国际会议通过了《国际防止海上油污公约》（*The International Conference on Marine Pollution*），督促各国必须采取措施以防止海水被船舶所排出的油类所污染。随后，于1967年发生的"托利·卡尼翁案"①（Torrey Canyon Case）使国际社会普遍认识到海洋污染带来的巨大危害，直接推动了《国际遇有油污损害事故在公海中进行干预的公约》（*International Convention Relating to Intervention on the High Seas in Cases of Oil Pollution Casual Ties*，Brussels，

---

① 1967年3月18日，利比里亚籍超级油轮"托利·卡尼翁"（Torrey Canyon）号在英国康沃尔郡锡利群岛附近海域搁浅，并最终断为两截沉入海底。在此次事故中，"托利·卡尼翁"号向大海泄漏了3800万加仑（约合12.3万吨）的原油。事故发生后，英国政府对有史以来第一起如此严重的油轮漏油事件进行了错误的处理。时任首相哈罗德·威尔逊（Harold Wilson）下令英国皇家空军把凝固汽油弹空投至事发水域，希望通过燃烧的办法去除海面的浮油，最终英国皇家空军总共投放了42.1万磅（约合19万公斤）炸弹。随后，一万多吨有毒溶剂和清洁剂被冲上受原油污染的英国和法国海岸附近沙滩，对陆地和海上野生动物造成长期不利影响。

1967）和《国际油污损害民事责任公约》（*International Convention on Civil Liability for Oil Pollution Damage*，Brussels，1969）的出台。此时，人类还处在被动应对海洋污染的阶段。在这个阶段，人类对海洋污染的认知直观、表面而且单一，注意力主要集中在海洋油污处理方面，应对方式则表现出"出现问题—解决问题"的亡羊补牢式特点。

1972 年在瑞典首都斯德哥尔摩召开的人类环境会议是海洋污染治理的重要转折点，吹响了对海洋环境进行全面保护的号角，此次会议发表的《联合国人类环境宣言》正式提出了"各国应该采取一切可能的步骤来防止海洋受到那些会对人类健康造成危害的、损害生物资源和破坏海洋生物舒适环境的或妨害对海洋进行其它合法利用的物质的污染"[1]。同时，根据此次会议的要求，联合国成立了联合国环境规划署，该机构秉承"激发、推动和促进各国及其人民在不损害子孙后代生活质量的前提下提高自身生活质量，领导并推动各国建立保护环境的伙伴关系"这一使命，为全球及区域海洋污染治理做出了重要贡献。同年，国际社会签署了《防止倾倒废物及其他物质污染海洋公约》（也称《伦敦倾废公约》，*London Dumping Convention*），将对海洋污染源的控制范围扩大到海洋废弃物方面，该公约通过由实行倾倒的国家发放许可证这种方式来控制海洋废弃物的倾倒。1973 年，各国又签订了《国际防止船舶造成污染公约》（*International Convention for the Prevention of Pollution from Ships*），并于 1978 年对其做了修改，从而形成了《关于 1973 年防止船舶污染国际公约的 1978 年议定书》，该议

---

① 联合国：《联合国人类环境宣言》，1972。

定书首次对海上船舶造成的污染提出了应对措施，而此公约实质上动摇了以船旗国为主的海洋污染治理传统管理制度。1974年，各国在巴黎签署了《防止陆源污染海洋公约》（*Convention on Prevention of Marine Pollution from Land Sources*），表明人类终于深刻地意识到来自陆地的污染才是海洋污染最主要的污染源。

1982年，《联合国海洋法公约》正式出台，这是一部全人类应对海洋问题的宪法。其第十二部分专门谈到"海洋环境的保护和保全"，在海洋污染治理方面要求"各国应（在）适当情形下个别或联合地采取一切符合本公约的必要措施，防止、减少和控制任何来源的海洋环境污染"，明确了"从陆上来源、从大气层或通过大气层或由于倾倒而放出的有毒、有害或有碍健康的物质"，"来自船只的污染"，"来自在用于勘探或开发海床和底土的自然资源的设施装置的污染"和"来自在海洋环境内操作的其他设施和装置的污染"四大类污染。该公约还从全球性和区域性合作、技术援助、监测和环境评价等方面对海洋污染治理做出了系统的规定。[①] 1995年，在联合国环境规划署的主持下通过了《保护海洋环境免受陆基活动影响的全球行动纲领》（GPA）和促进该方案实施的《保护海洋环境免受陆上活动污染华盛顿宣言》。此时，人类已经认识到人类与海洋、沿海环境之间存在密切的相互依赖性，人类日益频繁的陆上活动对人类健康福利、沿海和海洋生态系统和生物多样性的整体性造成严重威胁。为了给后代养护海洋环境，实现可持续发展，全人类应该立刻采取行动，治理海洋污染。

---

① 《联合国海洋法公约》，联合国官网，http：//www.un.org，最后访问日期为2016年11月20日。

1. 海洋污染总体状况及其治理

据估计，多达 80% 的海洋污染来源于农业、工业等陆基活动。生活在沿海地区的人们已经能切实地感受到海洋陆源污染的影响，同时源于陆地的污染也对处在国家管辖范围以外区域的生物造成不利影响，许多污染物在深海和沉积物上累积，被小型海洋生物吸收，继而进入全球食物链。例如，科学家已在金枪鱼等高度洄游鱼种以及不同种类的海洋哺乳动物的体内查出高含量的汞。

1995 年，108 个政府和欧洲委员会签署了《保护海洋环境免受陆基活动影响的全球行动纲领》（GPA），虽然该行动纲领不具有强制执行性，但是有助于引领各国家和地区采取持久的行动来防止、减少和消除陆基活动导致的海洋退化。联合国环境规划署于 1997 年成立了全球行动纲领协调处，该工作处于两年后正式开始全面运作，其主要任务是协助各国家和地区编写关于陆地活动的区域评估，确定区域行动纲领的优先行动，以便促进该全球行动纲领的区域执行。到目前为止，该工作处通过举行系列专业讲习班为东南太平洋、保护海洋环境区域组织海区、东亚海洋、东非、西非和中非、西南大西洋北部、红海和亚丁湾区域及南亚海洋八个区域拟定了区域行动纲领，确定了污水是最主要的陆源污染源，工业是陆源污染的主要制造者。为此，联合国环境规划署联合联合国工业发展组织（United Nations Industrial Development Organization，UNIDO）通过国别综合方案，设法解决陆地来源污染物排放问题和制止对海洋环境有害的各项活动。目前，已经启动了全球环境基金（Global Environment Facility，GEF）主导的几内亚海湾大型海洋生态系统项目、里海环境项目、黄海项目等。

2. 营养盐和有机化合物污染及其治理

海洋环境中的营养盐和有机化合物污染会引起水域的富营养化，在严重富营养化的条件下，海藻会大量繁殖、死亡、腐败，从而导致水中的氧气大量减少，海洋中的鱼类和其他生物会因缺氧而死亡，进而导致沿海地区出现死区。1990 年以来，富营养化沿海地区数量急剧增加，目前全球至少存在 169 个沿海地区被认为缺氧，而更为严重的死区则大多出现在东南亚、欧洲和北美洲的沿海地区。与此同时，只有 13 个位于欧洲北部和北美洲的沿海地区的缺氧状况正在得到缓解。根据联合国环境规划署的预测，到 2030 年时全球水域的磷负荷有可能增加 5%，从而使已经非常严重的海水富营养化状况进一步恶化。

营养盐污染还会导致有害赤潮的发生频率上升，危害强度变大。在特定的环境条件下，海水中某些浮游植物、原生动物或细菌会暴发性增殖或高度聚集，从而引起水体变色。这些有害赤潮会释放海藻毒素，直接威胁人类健康。麻痹性贝素（Paralytic Shellfish Poisoning, PSP）是有害赤潮释放的一种有害的海藻毒素。在赤潮发生时，贝类大量摄食有毒藻，藻毒素在贝类体内累积，当毒素含量超过人类食用安全标准时，人类食用此类贝类产品往往就会出现中毒现象。世界卫生组织的数据显示，麻痹性贝素中毒疫情在 1970 年时只有不到 20 起，到了 2009 年却已经超过 200 起。

此外，大部分有机化合物会在水生系统中积累，导致沉积污染，而且部分污染物具有持久性、有毒性和生物累积性的特点。目前，令人们感到担忧的主要是有机混合物（特别是 DDT）和多氯联苯这两大类有机化合物。这些有机化合物会在生物的脂肪组织中累积，并且可以存留很长时间，从而可以通过食物链产生生物放大效应，因此在食物链顶端的捕猎者体内浓度最高。早在 20 世纪 70 年代，国际社会就高度重视这些有机化合物给人类带来的危害，在 1972 年联合国人类环境会议上，多国倡导禁止生产或严格控制使用 DDT。1973 年，经济合作与发展组织（Organization for Economic Cooperation and Development，OECD）就出台了《关于控制多氯联苯生产的决定》。这些举措大大减少了有机化合物的排放量，在一定程度上养护了海洋环境。联合国环境规划署资料显示，自 20 世纪 90 年代中期以来，西太平洋中 12 种深海鱼类体内的至少三种有机氯化学物质的组织浓度有所降低。[①]

3. 海洋废弃物污染及其治理

海洋废弃物是指经过制造或加工后可以长时间存在的，被丢弃在海洋和沿海环境中的固体物质，如塑料、金属和橡胶等。这些废弃物来源广泛，有航海船舶、近海石油和天然气平台、钻机、水产养殖设施，也有来自陆地的直接排放。海洋废弃物是人类活动对海洋环境产生明显且可见影响的表现，损害了渔业、航运业和旅游业等海洋产业的健康发展。

其中，塑料废弃物是海洋废弃物的主要组成部分之一。由于塑料在海洋环境中降解速度缓慢，一般需要数百年时间才能完成降解，因此海洋环境中的塑料废弃物会不断积累。与此同时，这些塑料废弃物在缓慢的降解过程中会分解成更小的颗粒和微粒塑料，这些塑料碎片会在海洋环流中继续降解成微污染物，从而污染沿海水域，并且这类废弃物在降解过程中会释放具有持久性

---

① 联合国环境规划署：《全球展望 5——我们未来想要的环境》，2012。

的、可被生物累积的有毒化合物。塑料废弃物还会在被海龟、海鸟、水母等海洋动物吞食以后进入食物链。塑料废弃物通过影响海洋生物的消化、呼吸和繁殖功能而使其变得虚弱，甚至直接导致海洋生物的死亡。塑料碎片还是持久性有机污染物，如多氯联苯和类似化合物的运输载体，从而会对海洋环境产生漫长的恶性影响。

1950 年，塑料制品开始进入市场，当时全球共有约 25 亿人，一年大约消费塑料制品 150 万吨。2015 年，全球共有 70 多亿人，共消费塑料制品 3 亿多吨，联合国环境规划署推算到 2050 年时全球将有超过 330 亿吨的塑料废弃物。① 塑料废弃物每年给海洋环境造成的损失至少达到 8 亿美元，其中包括渔业、水产养殖业和海洋旅游业等相关产业的损失和海滩清理塑料废弃物的成本等。

目前，国际社会主要通过修订已经签署的各项公约和行动计划来应对不断发生变化的海洋污染。根据海洋污染的现状，《防止倾倒废物及其他物质污染海洋公约》及随后签订的《伦敦议定书》（1972 年）在既定的框架内不断增加新的内容。比如，在 2010 年10 月举行的《防止倾倒废物及其他物质污染海洋公约》缔约国第32 次协商会议上增加了"动物作为鲜活货物装船时把动物尸体列为受管制垃圾类别"等相关规定。2011 年 3 月，由联合国环境规划署和美国国家海洋和大气管理局（National Oceanic and Atmospheric Administration，NOAA）在夏威夷檀香山联合主办了第五届国际海洋废弃物会议，此次会议讨论并通过了《檀香山承诺》，明确

---

① United Nations Environment Programme（UNEP），GRID - Arendal，"Marine Litter Vital Graphics，" 2016.

了应采取跨部门的联合行动来减少海洋废弃物的数量，并呼吁出台防止、减少和管理海洋废弃物的全球战略。

4. 海洋酸化及其治理

地球生命存在的基本条件之一就是相对稳定的化学环境，海洋的碳酸平衡状态已经维持了数百万年。但是，工业革命后，人类开发利用自然资源的能力不断提高，燃料消耗量急剧增加，工农业的飞速发展在为人类带来大量财富的同时也使大气中的二氧化碳浓度急剧增加。由于海洋吸收了大气中约 25% 的二氧化碳，且二氧化碳与水发生反应会产生碳酸，所以空气中二氧化碳浓度升高导致海洋变酸。1750 年，海洋的 pH 为 8.2，到 2010 年，海洋表面的酸性物质增加了 30%，海洋表面的平均 pH 则降低为 8.1，如果一直保持现有趋势，那么预计到 2100 年海洋表面的 pH 会降低到 7.7 或 7.8[①]，而这将是地球海洋酸度的极限。

海洋酸化严重威胁海洋生物的生存与繁衍，尤其是珊瑚和水生贝类。海洋酸度增加会影响具有碳酸钙壳和骨骼的海洋生物、钙性藻类和其他生物，继而影响海洋生物食物网中其他至关重要的生物。持续的海洋酸化甚至会中断全球食物链，造成部分海洋生物灭绝，这对于人类的捕捞渔业和水产养殖业将是毁灭性的打击，会直接威胁到人类的粮食安全。

珊瑚礁是自然生态系统中生产力最高、生物多样性水平最高的生态系统之一。珊瑚礁提供了非常重要的生态服务，栖息在珊瑚礁生态系统中的生物高达 4000 多种，它是某些具有重要商业价

---

① United Nations Environment Programme (UNEP), "Environmental Consequences of Ocean Acidification: A Threat to Food Security," 2010.

值鱼类的产卵和哺育场所，珊瑚礁中的鱼类数量至少比北大西洋渔场的渔获量高 4 倍。① 海洋酸化和海水温度升高是目前珊瑚白化的最主要原因，珊瑚的白化直接导致珊瑚礁生态系统的毁灭。自 1980 年以来，全球珊瑚礁减少了 38%，据联合国环境规划署预测，如果海洋酸化状况不能得到改善，那么在未来 40 年的时间里热带珊瑚礁会快速萎缩。

由于造成海洋酸化的主要原因是大气中不断增多的二氧化碳和二氧化硫等酸性气体，因此选择从源头治理，控制相关气体的排放是治理海洋酸化的主要措施。由全球 100 多个国家联合签署的《京都议定书》（*Koto Protocol*，1997）于 2005 年正式生效，此后，国际社会又于 2008 年制定了《巴厘岛行动计划》（*Bali Plan of Action*，Bali，2008），有 42 个发达国家承诺了到 2020 年的整体经济量化减排目标，另有 44 个发展中国家承诺将采取适当的减缓行动。但这些承诺与《联合国气候变化框架公约》要求的极限排放量之间仍然存在巨大缺口。

在二氧化硫污染治理方面，国际社会通过签署《长程越界空气污染公约》《哥德堡协议》等国际条约限制各国和地区的硫排放，实现了 1980~2000 年全球二氧化硫排放量降低 20% 的目标。预计到 2050 年，欧洲、北美和东亚会分别比 2000 年减少 30%、50% 和 70% 的二氧化硫排放量。② 由于二氧化硫排放的减少，硫沉积量也逐渐下降，欧洲和北美部分海域的酸化现象得到缓解。但是太平洋西岸和印度洋沿岸由于二氧化硫的大量排放仍然面临着

---

① 联合国环境规划署：《全球展望 5——我们未来想要的环境》，2012。

② United Nations Environment Commission for Europe（UNECE）， "Hemispheric Transport of Air Pollution 2010," 2010.

严重的酸化威胁。

2014 年，在希腊举行的区域海洋公约和行动计划（Regional Seas Conventions）第 16 届全球会议提出，在应对海洋酸化问题上各成员国应充分认识海洋酸化的严重性，增加对海洋酸化的影响评估，制订缓解与适应行动计划，同时还指出，应在重点国家和地区建立观察和预警机制。

二　海洋生态系统的养护

面对海洋污染的严峻现实状况，国际社会必须采取有效的措施去治理和改善，同时也需要养护受到损害的以及尚未遭到破坏的海洋环境，使海洋环境保持健康，实现海洋资源的可持续利用。

早期海洋环境的养护被动地集中于海洋污染治理以及特殊区域的海洋环境养护。20 世纪中后期，随着科技的进步和国际海上交通航线的打通，部分国家对利用南极海域海洋生物资源的兴趣日益增加，同时也意识到保护南极海洋生物的必要性和紧迫性，因此，1980 年有 25 个国家在澳大利亚堪培拉签署了《南极海洋生物资源养护公约》（*The Convention for the Conservation of Antarctic Marine Living Resources*）。该公约提出，对南极海域的利用应仅适于和平目的，且需符合全人类的利益。此外，签约国一致认为养护南极海洋环境需要国际社会的通力合作。

1992 年，里约热内卢联合国环境与发展会议第一次正式提出了"可持续发展"概念，将单纯的防治海洋污染扩大为对海洋环境的全面养护。此次会议签署的《21 世纪议程》、《里约环境与发展宣言》和《生物多样性公约》（*Convention on Biological Diversity*）等文件均体现出要用可持续发展的思维来实现海洋环境的养护。

随后，海洋环境养护逐渐被各国和地区重视起来，海岸带综合管理、海洋空间规划和生态系统价值评估等海洋环境养护配套制度和各类管理工具次第出台。

1. 海洋生物多样性的现状及其养护

海洋生态系统是一个等级系统，每个等级都存在多样性。海洋生物多样性主要表现为基因多样性、物种多样性和生态系统多样性三个层次。海洋生物多样性是人类赖以生存的重要物质基础，也是维系海洋生物生存发展的各种生态系统服务的基础。

但是，海洋和海岸是目前世界上最受威胁的生态系统之一。自1970年以来，全球海草消失了20%；自1980年以来，全球珊瑚礁减少了38%，同时全球还失去了20%的红树林，部分地区湿地消失率达95%。① 2010年是纪念国际生物多样性年，当时的一些报告显示，"到2010年全球范围大幅度减缓目前生物多样性丧失速度"这一目标并没有实现。由于过度利用、栖息地丧失、外来物种入侵、海洋污染等造成海洋生物多样性丧失的各种因素尚未被完全消除，因此目前仍不能扭转海洋生物多样性现状继续恶化的总体趋势。

目前，沿海生态系统面临的一个最主要威胁就是过度水产养殖导致海洋生物栖息地丧失，在20世纪人类摧毁了全球50%的湿地。由于采用了海底拖网以及其他毁灭性捕鱼方式，海洋生物的底栖栖息地也受到严重威胁。同时，过度捕捞大幅度降低了海洋生物的数目，导致海洋生物群落发生重大变故，将部分海洋生物推向濒危的"红线"。

---

① 联合国环境规划署：《全球展望5——我们未来想要的环境》，2012。

随着国际交流的日益频繁，外来物种通过各种途径在全世界范围内扩散开来。很多时候，外来入侵物种会威胁到本土海洋生态系统的生物多样性。外来入侵物种会通过捕食、竞争等手段破坏原有的海洋生态系统，影响本土的海洋生物多样性。比如原本生活在新西兰深海的红狮子鱼进入加勒比海后严重影响了当地珊瑚鱼的生存和繁衍。尽管在全世界范围内，各国防治外来物种入侵大多取得了不错的成绩，但是这些已有的成果一般都集中在陆上，针对海洋生态系统中的外来物种入侵的管理工作还基本处于放任自流的状态。

海上石油天然气开采、石油泄漏、陆地向海洋排放废水和固体废弃物等活动或海洋污染通过降低海洋生物繁殖率或导致海洋生物直接死亡等多种方式对海洋生物多样性产生了直接影响，还通过破坏海洋生物的栖息地对海洋生物多样性产生了间接影响。近年来，由于日趋完善的油轮设计和日趋规范化的海上交通管理，海上原油泄漏造成的危害已经大大减少；但是，由于基础设施的老化，输油管道造成的污染（主要在陆地上）不断增加。同时，陆地系统的大气污染也不容忽视，尤其是诸如二氧化碳、氮和硫等富营养化和酸化化合物的沉积，会引起海洋酸化，破坏海洋生物多样性。

特别的，在未来很长一段时间内气候变化预计会对海洋生物多样性产生最大的影响。日益严重的气候变化问题影响海洋生物的生存、繁殖和迁徙。气候变化导致南北极冰盖迅速消融，在对依赖极地生态系统的生物产生巨大影响的同时也导致海洋物种分布发生变化。联合国环境规划署资助的科学研究预测，有 1066 种海洋鱼类和无脊椎动物物种的分布范围会以每 10 年 40 千米的速度向极地扩张①，这一变化将毁灭极地生物群落组成，导致地方性物种灭绝。此外，气候变化会与其他影响因素相结合，共同损害海洋生态环境。

人类的足迹遍布全世界的每一处海域，其中有一半海域受到人类活动的严重影响。毋庸置疑，沿海地区是人类活动最集中的地区，也是对海洋生物多样性造成最大压力的地方。与此同时，远离海岸的海域也越来越多地受到人类活动的影响。远洋渔业，对深海、远海的能源勘探和矿物开采等人类活动都对海洋生物多样性造成巨大威胁。越来越多的科学研究表明，某一方面的单独影响会进一步延伸到该地区以外的区域和海洋上，多种因素的相互作用不仅会影响当地物种和依赖沿海生态系统的人类社区，而且会影响由这些物种和人类社区组成的更大的自然系统和人类社会。

在 2002 年联合国可持续发展问题世界首脑会议上，各成员国承诺"维持重要、脆弱的海洋和沿海地区，包括国家管辖以外地区的生产力和生物多样性"②。此次大会设立了特别工作组来更好地研究在国家管辖范围以外的地区养护和可持续利用海洋生物多样性问题。2010 年，《生物多样性公约》各签约国在名古屋举行了第 10 次缔约方大会，通过了《获取与惠益分享名古屋议定书》（*The Nagoya Protocol on Access and Benefit Sharing of Genetic Resources*）和 2011～2020 年《生物多样性战略计划》（*Global Biodiversity Strategy*），明确了在未来几十年内需要实现的全球生物多样

---

① United Nations Development Programme （UNDP），"The Future We Want: Biodiversity and Ecosystems – Driving Sustainable Development," 2012.

② 联合国：《约翰内斯堡可持续发展宣言》，2002。

性目标（即"爱知目标"，Aichi Target），希望通过制定全球统一的方法来防止和扭转生物多样性丧失。

此外，在区域一级，各国和地区通过签署、修订《关于养护黑海、地中海和毗连大西洋海域鲸目动物的协定》、《养护波罗的海、东北大西洋、爱尔兰海和北海小鲸类协定》和《东北大西洋海洋环境保护公约》等养护区域海洋环境的一系列文件，规范了渔业捕捞、海上勘探和开采、海上体育运动、旅游和鲸目动物观赏等多个产业活动，以进一步养护海洋环境，维持海洋生物多样性。

海洋科技的发展为探索海洋生物多样性打下了坚实的基础。为了增进人类对海洋生物的认知程度，支持相关决策工作，80多个国家的2700名科学家参加了开始于2001年的海洋生物普查，经过10年调研于2010年10月公布了普查结果。从南极到北极、从海洋表面到深海海底，科学家们对各种海洋生物分类群进行采样，发现了许多新物种和过去未曾了解的海洋生态环境，但是仍有25%～80%的物种未得到描述，20%以上的海洋容积没有记录，大片海域基本没有记录。[①] 通过这次普查，联合国环境规划署划出了海洋生物多样性保护的基线，用以帮助各国选定保护区域和制定保护战略，从而更好地保护海洋生物。由全球环境基金出资，国际自然及自然资源保护联盟负责管理的海隆项目始于2009年，重点研究西南印度洋洋脊生物多样性热点地区的海隆生态系统，现已采集7000多个样本，分析确定了200多个物种和74

---

① 《海洋和海洋法秘书长的报告》，联合国官网，http://www.un.org，最后访问日期为2016年11月20日。

个乌贼鱼种。① 该项目还明确了北方热带暖流和南方海洋寒流的汇合处是一个重要的幼鱼生活区，需要国际社会的重点养护。

2. 海洋生态系统的现状及其养护

海洋生态系统是一个海洋生物群落和非生物环境相互联系，实现物质循环和能量流动的整体。海洋生态系统能够提供一系列诸如粮食供给、娱乐、沿海保护和碳固存等服务，从而满足人类的需求。但海洋健康指数（Ocean health Index，OHI）② 显示，当前的海洋生态系统尚未发挥出最大潜力。2016 年度海洋健康指数评估了 221 个国家和地区的海岸线（距离海岸 1 千米以内）和水域（200 海里以外）的情况，涉及所有的沿海国家和地区以及南极洲。全球海洋健康状况得分为 71 分（满分 100 分），在自然产品及旅游和娱乐方面得分较低（见图 3 - 1）。其中，得分最高的是无人居住的豪兰和贝克群岛（Howland and Baker Islands），分值为 91 分。全球公海得分为 69 分，其中西印度洋和中东大西洋得分最高（均为 79 分），西北太平洋得分最低（53 分）。与过去相比，2016 年度的分数几乎不变，说明全球海洋生态系统并没有出现恶化，并且在各个目标上还有较大的提升空间。

尽管全球海洋生态系统整体情况较为平稳，但是一些特殊海洋生态系统的情况十分危急。目前，珊瑚礁面临的多重压力（包

---

① Global Environment Facility (GEF), United Nation Environment Programme (UNEP), "From Coast to Coast: Celebrating 20 Years of Transboundary Management of Our Shared Oceans," 2016.

② 海洋健康指数于 2012 年在《自然》杂志上被首次发布，它采用 10 个公共指标来评估海洋生态系统的整体状况。这些公共指标包括：非商业性捕捞机会、生物多样性、沿海保护、碳固存、清洁水源、粮食供给、沿海生计和经济、自然产品、地区归属感以及旅游和娱乐。

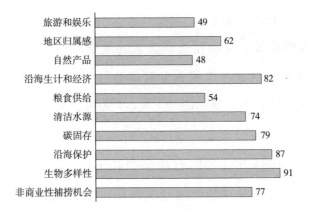

图 3 - 1　2016 年全球海洋健康指数单个项目得分

资料来源："Region Scores," Data Explorer, http://data.oceanhealthindex.org/scores, 2016 - 11 - 20。

括来自人类陆地和海洋活动的压力）仍在持续增长中，在《生物多样性公约》各缔约方认同的 2015 年期限之前实现相关目标已经不大可能。《执行〈2011～2020 年生物多样性战略计划〉中期评估》显示，1997～2007 年，濒危珊瑚礁比例增加了约 30%，过度捕捞和破坏性捕捞活动影响了近 55% 的珊瑚礁，陆源污染影响了约 25% 的珊瑚礁，还有 10% 的珊瑚礁深受海洋污染的威胁。其中，东南亚地区珊瑚礁受影响的程度最为严重，该地区有近 95% 的珊瑚礁受到人类活动的威胁。[①]

　　为了养护珊瑚礁生态系统，巴西、芬兰和日本等国家设定了降低人类活动以减少对脆弱生态系统影响的目标。建立大型海洋保护区可以有效保护珊瑚礁，通过海洋保护区结合陆上保护措施可以恢复岩礁鱼群，甚至帮助褪色的珊瑚实现复原。但在实践过

---

① 联合国环境规划署：《执行〈2011～2020 年生物多样性战略计划〉中期评估》，2010。

程中，海洋保护区在养护珊瑚礁方面未有明显成效，只有15%的保护区为珊瑚礁减少了捕捞活动带来的威胁。

3. 海洋保护区建设现状与发展趋势

"海洋保护区"（Marine Protected Area，MPA）这一概念于1962年世界国家公园大会（World Conference of National Parks）上被首次提出。1994年，国际自然保护联盟正式给出了"海洋保护区"的官方定义，即"任何通过法律程序或其他有效方式建立的，对其中部分或全部环境进行封闭保护的潮间带或潮下带陆架区域，包括其上覆水体及相关的动植物群落、历史及文化属性"。[①] 建设海洋保护区是沿海和海洋管理的一部分，通过建立海洋保护区来养护重要的海洋生态系统，是一种帮助生态系统保持健康和发挥生态作用的重要工具。同时，通过确认管理区域，建立海洋保护区已经成为一种在国家管辖范围以外实现海洋环境养护和可持续利用海洋资源的重要工具。

建立海洋保护区首先要确定需要保护的、具有生态或生物意义的海域。这是一项重要的科学考察工作，通过对确定海域及其影响进行专业评估等科学量化的方式来甄别需要保护的海域，普遍的指标包括相对自然（选择地区仍处于良好或接近原始状态）、代表性（代表特定地区的栖息地或包括重要生态功能区，如产卵区、育苗区或觅食区）、生物多样性、渔业产值、旅游价值、社会认可和管理的实用性等。建立全球级别的海洋保护区要按照包括《联合国海洋法公约》在内的国际法和以《生物多样性公约》为主

---

① "Protect Planet Ocean is about Marine Conservation," Protect Planet Ocean, http://www.protectplanetocean.org/introduction, 2016 – 11 – 20.

的多项国际公约的要求，根据现有的最佳科学信息，提出建立有
代表性海洋保护区的申请，并使该申请在联合国大会上经历必要
的审核程序，最后由联合国确认通过。

　　海洋保护区的设计一般是多种层级的，包括完全保护区、生态
保护和娱乐国家公园保护区、用于自然特征保护的自然纪念地保护
区、通过有效管理加以保护的生境和物种管理保护区、保护和娱乐
的海洋景观保护区、可持续利用的资源管理保护区等，其中只有受
到完全保护的海洋保护区才能提供最大的生物多样性效益。

　　建立、维护和管理海洋保护区的成本比较高。世界自然保护联
盟的资料显示，2002 年，管理一个海洋保护区的费用介于 9000 美元
和 600 万美元之间；2004 年，维护、管理此时覆盖范围并不大的全
球海洋保护区网络的费用在 50 亿美元和 190 亿美元之间。① 但是，
海洋保护区给人类带来的福利也是显而易见的。联合国环境规划署
对 80 个针对不同类型的保护区进行的 112 项独立研究的审查发现，
海洋保护区内的鱼类种群数量比周围区域或保护前相同区域要高很
多。在海洋保护区建立后 1 年到 3 年内，其中的生物种群密度上升
91%，生物质上升 192%，平均生物尺寸和多样性上升 20% ~
30%。② 此外，海洋保护区还具有极高的科研、文化、历史和美学
价值，有助于提高人类对海洋的认识水平和养护海洋环境的意识。

---

① "Protected Areas Categories," International Union for Conservation of Nature, ht-
tps：//www. iucn. org/theme/protected － areas/about/protected － areas － categories，
2016 － 11 － 20.

② "Protected Areas Categories," International Union for Conservation of Nature, ht-
tps：//www. iucn. org/theme/protected － areas/about/protected － areas － categories，
2016 － 11 － 20.

《生物多样性公约》秘书处的资料表明，在过去十多年中，海洋保护区覆盖的面积大量增加（见图 3 - 2）。然而，许多海洋保护区的管理成果并不尽如人意。在全球 232 个海洋生态区域中，有 18% 的区域达到了 "至少保护 10% 的沿海和海洋区域" 的目标，而有一半区域的受保护海洋覆盖率不到 1%。①

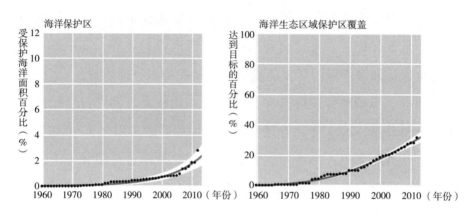

图 3 - 2　全球海洋区域受保护区覆盖比例的累计变化趋势

　　* 假定基本过程恒定，海洋保护区面积的增长速度逐渐加快；黑色实线表示模型对已有数据时期的拟合情况和推断，黑点代表数据点，阴影代表 95% 置信区间。

　　资料来源：《生物多样性公约》秘书处《全球生物多样性展望——对执行〈2011～2020 年生物多样性战略计划〉所取得进展的中期评估》（第四版），2014。

联合国环境规划署世界保护监测中心（UNEP - WCMC）的实时数据显示，海洋保护区的总数已经达到 5000 个，覆盖面积达 258 万平方千米，占世界海洋面积的 0.8%。②

值得注意的是，有 12 个国家指定了 10% 以上的水域为海洋保护区，而有 121 个国家建立的海洋保护区的面积占其管辖海洋的比

---

① 联合国环境规划署：《全球展望 5——我们未来想要的环境》，2012。

② "Protect Planet Ocean is about Marine Conservation," Protected Planet Ocean, http：//www.protectplanetocean.org/collections/introduction/introbox/globalmpas/introduction - item.html，2016 - 11 - 20。

例不足 0.5%①。也就是说，全球海洋保护区主要由数目不多的面积非常大的海洋保护区组成，其中规模前十名的海洋保护区（见表 3 - 1）的面积之和占了世界所有海洋保护区总面积的 74%，而这些海洋保护区几乎都在国家管辖范围内。其余大多数海洋保护区面积比较小，平均面积仅约为 544 平方千米。

表 3 - 1 世界最大的 10 个海洋保护区

单位：万平方千米

国　家	海洋保护区名称	海洋保护区类型	成立时间	总面积	区域海洋面积	未受保护面积
基里巴斯	菲尼克斯群岛 Phoenix Islands	海洋保护区	2006 年	41.05	41.05	0
澳大利亚	大堡礁 Great Barrier Reef	国家公园保护区	1979 年	34.44	34.44	11.54
美国	帕帕哈瑙莫夸基亚 Papahānaumokuākea	自然纪念地保护区	2000 年	34.14	34.14	0
北马里亚纳群岛自由联邦（美属）	马里亚纳海沟 Marianas Trench	自然纪念地保护区	2009 年	24.66	24.66	0
美国	太平洋里莫特群岛 Pacific Remote Islands	自然纪念地保护区	2009 年	22.50	22.50	0
澳大利亚	麦夸里岛 Macquarie Island	国家公园保护区	1999 年	16.20	16.20	5.80
厄瓜多尔	加拉帕戈斯 Galapagos	完全保护区	1996 年	13.30	13.30	？

① "Protect Planet Ocean is about Marine Conservation," Protected Planet Ocean, http：//www. protectplanetocean. org/collections/introduction/introbox/globalmpas/introduction - item. html, 2016 - 11 - 20.

续表

国　家	海洋保护区名称	海洋保护区类型	成立时间	总面积	区域海洋面积	未受保护面积
丹麦	格陵兰岛 Greenland	国家公园保护区	1974 年	97.20	11.06	?
哥伦比亚	海葵 Seaflower	海洋保护区	2005 年	6.51	6.50	0.23
澳大利亚	赫德岛和麦克唐纳群岛 Heard Island and McDonald Islands	完全保护区	2002 年	6.46	6.42	6.42
综合				296.46	210.31	23.99

资料来源："Protect Planet Ocean is about Marine Conservation," Protect Planet Ocean, http://www.protectplanetocean.org/collections/introduction/introbox/globalmpas/introduction-item.html, 2016-11-20.

政府间海洋学委员会指出，当前国家管辖范围以外的海洋保护区建设和管理远远没有达到预期目标。由于管理主体的不明确，因此对处在国家管辖范围以外的海洋保护区的管理行动亟须国际社会达成用以制定政策的共识。由于海洋的流动性和变化性，边界固定的海洋保护区不一定能够提供养护海洋生物多样性所必需的保护，为此政府间海洋学委员会正在以电子海图为工具，探索为海洋保护区划定动态边界的可能性，为制定保护区监测制度提供足够的背景信息。同时，国家管辖范围以外海洋保护区的执法工作的成败取决于是否有船舶跟踪系统和遥感手段。目前，政府间海洋学委员会与欧洲科学基金会海洋委员会的联合工作组已经向联合国提交了一整套评价海洋保护区效力和业绩的标准，为海洋保护区的规划、管理提供了指导。

南极海洋生物资源保护委员会（Commission for the Conservation of Antarctic Marine Living Resources，CCAMLR）自 2009 年在奥克尼

群岛南部大陆架划定 9.4 万平方千米的海域作为海洋保护区开始，到目前为止已经制订了一整套用于规划南极南部海洋保护区的行动计划，初步建立了一个有代表性的海洋保护区系统，其中就包括在国家管辖范围以外的海域。

2010 年 9 月，《东北大西洋海洋环境保护公约》缔约方指定了六个公海海洋保护区，包括米尔恩海隆复合区、查理－吉布斯南部断裂带、阿尔泰公海、安蒂阿尔泰公海、约瑟芬公海以及亚速尔群岛公海以北大西洋中脊。2011 年 4 月 12 日，此指定生效。其中，查理－吉布斯南部断裂带和米尔恩海隆复合区主要用以养护海床及其上方水域的生物多样性和生态系统，其他四个海洋保护区则主要为了养护保护区内上方水域的生物多样性和生态系统。这些海洋保护区与国家管辖范围内海洋保护区网络相结合，占《东北大西洋海洋环境保护公约》总覆盖面积的 3.1%。

第二节　海洋资源的可持续利用（以海洋捕捞为主）

海洋捕捞是人类重要的食物和营养来源，鱼类和其他海产品为人类提供了大量蛋白质和必需的微量元素，为实现全人类的健康膳食做出了巨大贡献。同时，海洋捕捞提供了大量的就业机会、商业往来和娱乐活动，发挥着重要的社会和经济影响力。

考古学发现，早在石器时代人类就已经学会了从海洋中捕捞鱼类。数千年来，海洋渔业捕捞行为从未停止，在漫长的岁月中，人类早已明白海洋渔业资源会有规律地增减，并有意识地充分运用这些规律来获取最大利益。随着生产力的进步，人类的捕捞范围逐渐扩大，由此带来了不少问题和冲突，有些冲突甚至上升到国家层面。1958～1976年，英国和冰岛因为鳕鱼捕捞发生冲突，并因此爆发了三次所谓的"鳕鱼战争"，在"战争"期间双方都出动了本国的主力军舰。直到1982年，《联合国海洋法公约》出台，明确规定了"专属经济区从测算领海宽度的基线量起，不应超过200海里"①，至此两国之间的冲突才宣告结束。《联合国海洋法公约》的实施改变了传统的海洋渔业秩序和资源分配格局。同年出台的《执行1982年12月10日〈联合国海洋法公约〉有关养护和管理跨界鱼类种群和高度洄游鱼类种群的规定的协定》（简称《联合国鱼类种群协定》）作为具有约束力和执行力的国际条约禁止了所有不服从该公约管理的捕鱼行为，包括在公海的捕鱼行为。至此，公海的自由捕捞时代宣告终结。

从20世纪中期开始，大规模、工业化的海洋渔业捕捞行为使许多海洋生物资源出现了严重的过度捕捞现象。为了实现海洋渔业资源的可持续利用，在联合国的主持下，国际社会相继举行了部长级国际渔业会议"国际负责任捕捞会议"、联合国跨界鱼类资源和高度洄游鱼类资源会议等高级别会议，发布了《坎昆宣言》和《促进公海渔船遵守国际养护和管理措施的协定》（*Agreement to Promote Compliance with International Conservation and Management Measures by Fishing Vessels on the High Seas*）。此外，联合国粮食及农业组织于1995年出版了渔业管理的国际指导性文件——《负责任渔业行为守则》（*Code of Conduct for Responsible Fisheries*），提出了长期性的开发、养护和管理海洋资源的原则及目标，并要求将

---

① 《联合国海洋法公约》，联合国官网，http://www.un.org，最后访问日期为2016年11月20日。

其转化为具体管理行动。2002 年，在约翰内斯堡召开的可持续发展问题世界首脑会议正式宣布全球鱼类种群资源必须在可持续和负责任的范围内被捕捞，其最大目标就是维持最大可持续产量（Maximum Sustainable Yield，MSY）。

一　海洋捕捞现状

2014 年，全球捕捞总量为 9340 万吨，其中 8150 万吨来自海洋，比 2012 年和 2013 年略有增长（见图 3 - 3）。世界海洋捕捞渔业产量的峰值是 1996 年的 8640 万吨，此后呈现总体下降的趋势。就各国的海洋捕捞产量而言，中国依然是产量大国，随后是印度尼西亚、美国和俄罗斯。2014 年，阿拉斯加狭鳕以 320 万吨的捕捞量位居所有捕捞物种的首位，秘鲁鳀、鲣鱼的年产量也都超过 300 万吨。[①]

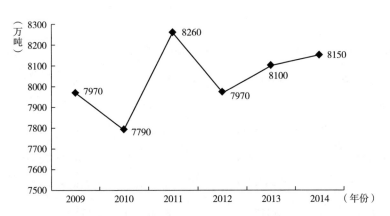

图 3 - 3　2009 ~ 2014 年世界海洋渔业捕捞产量

资料来源：联合国粮食及农业组织《2016 年世界渔业和水产养殖状况：为全面实现粮食和营养安全做贡献》，2016。

① 联合国粮食及农业组织：《2016 年世界渔业和水产养殖状况：为全面实现粮食和营养安全做贡献》，2016。

2014 年，西北太平洋依然是海洋捕捞产量最高的区域，随后是中西部太平洋和中西部大西洋。2014 年，大部分渔区的海洋捕捞产量与过去 11 年的平均值相比均有所增长（见表 3 - 2）。地中海和黑海的状况令人感到担忧，其捕捞量自 2007 年以来已经下滑了 1/3，主要由于鳀鱼和沙丁鱼等小型中上层鱼类捕捞量下降。[1] 这些物种的大量减少会影响地中海和黑海海洋区域内多数其他物种的生存和繁衍。地中海综合渔业委员会（GFCM）估计，该区域约有 85% 的鱼类种群在不可持续状态上被捕捞。东南太平洋海洋捕捞产量骤降主要由于 2014 年秘鲁鳀产量急剧下降，2014 年秘鲁的秘鲁鳀捕捞产量跌至 230 万吨，仅为 2013 年产量的一半。西南大西洋捕捞产量年波动较大，主要受到阿根廷柔鱼产量波动的影响。[2]

表 3 - 2　世界主要渔区的海洋捕捞产量

单位：吨，%

渔区名称	2003 ~ 2013 年平均产量	2014 年产量	变化量	变化率
西北太平洋	20815399	21967669	1152270	5.5
中西部太平洋	11848763	12822230	973467	8.2
中西部大西洋	1374138	1186897	- 187241	- 13.6
东北大西洋	8711898	8654722	- 57176	- 0.7
东印度洋	6946122	8052256	1106134	15.9
东南太平洋	10117532	6890058	- 3227474	- 31.9

---

[1]　联合国粮食及农业组织：《2016 年世界渔业和水产养殖状况：为全面实现粮食和营养安全做贡献》，2016。

[2]　联合国粮食及农业组织：《2016 年世界渔业和水产养殖状况：为全面实现粮食和营养安全做贡献》，2016。

续表

渔区名称	2003～2013 年平均产量	2014 年产量	变化量	变化率
西印度洋	4446561	4699560	252999	5.7
中东部大西洋	4076128	4415695	339567	8.3
东北太平洋	3018702	3148703	130001	4.3
西南大西洋	1997590	2419984	422394	21.1
中东部太平洋	1925113	1907785	-17328	-0.9
西北大西洋	1995063	1842254	-152809	-7.7
东南大西洋	1430177	1574838	144661	10.1
地中海和黑海	1363915	1111776	-252139	-18.5
西南太平洋	612103.5	543030	-69073.5	-11.3
北极和南极区域	199112.5	311896	112783.5	56.6
合　计	80878317	81549353	671036	0.8

资料来源：联合国粮食及农业组织《2016 年世界渔业和水产养殖状况：为全面实现粮食和营养安全做贡献》，2016。

尽管部分海洋区域的海洋资源可持续利用已经取得了明显成效，但是世界海洋水产种群的整体状况并未出现好转。据联合国粮食及农业组织对受评估的商品化水产种群的分析，处于生物学可持续状态①的水产种群比例已从 1974 年的 90% 降至 2013 年的 68.6%。也就是说，约有 31.4% 的种群由于被过度捕捞而正处于

——————————

① 生物学不可持续状态指被捕捞种群的丰量低于最大可持续产量。对处在这种状态的种群要实行严格的管理来恢复其种群丰量以实现可持续状态。生物学可持续状态指被捕捞的种群丰量等于或高于最大可持续产量。处于最大可持续产量的被捕捞种群没有进一步增产的空间，必须对其进行有效的管理来维持其最大可持续产量。生物量远高于最大可持续产量的种群（即被低度捕捞的种群）可能有一定增产的潜力。《负责任渔业行为守则》提出，为了使被低度捕捞的种群避免被过度捕捞，在增加对这些种群的捕捞率之前应当建立预防性管理计划。

生物学上的不可持续状态。在 2013 年受评估的种群中，有 58.1%
的种群处于完全捕捞状态，有 10.5% 的种群处于低度捕捞状态①，
令人担忧的是 1974~2013 年低度捕捞种群的数目一直呈现持续减
少趋势（见图 3-4）。处于生物学不可持续状态的种群比例逐渐上
升，特别是在 20 世纪 70 年代末至 80 年代出现了大幅上升，进入
90 年代后增速才有所减缓。截至 2013 年，多数物种种群已经处在
完全捕捞状态，不再具备增产潜力。比如在联合国粮食及农业组
织监测的 23 个金枪鱼种群中，60% 的种群基本达到完全捕捞状态，
其余的 35% 则处于过度捕捞或枯竭状态。② 这些遭到过度捕捞的物
种只有在种群得到有效恢复的前提下才能出现增产的可能性。

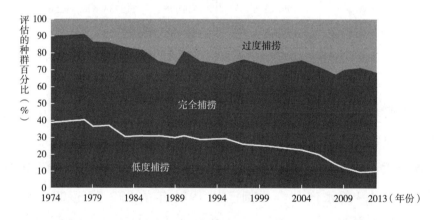

图 3-4　1974 年以来世界海洋鱼类种群状况的变化趋势

注：深色阴影区在生物学可持续状态内，白线将生物可持续水平分成完全捕捞（线上）和低
度捕捞（线下）两个区域；浅色阴影区处于生物学不可持续状态。

资料来源：联合国粮食及农业组织《2016 年世界渔业和水产养殖状况：为全面实现粮食和营
养安全做贡献》，2016。

---

① 联合国粮食及农业组织：《2016 年世界渔业和水产养殖状况：为全面实现粮食
和营养安全做贡献》，2016。

② 《金枪鱼捕捞状况》，联合国粮食及农业组织官网，http://faostat3.fao.org，
最后访问日期为 2016 年 11 月 21 日。

二 有效管制捕捞活动

1. 打击非法、未报告和无管制捕捞活动

1997 年，南极海洋生物资源保护委员会首次将"非法、未报告和无管制捕捞活动"（Illegal, Unreported and Unregulated Fishing, IUU）概念化。根据联合国粮食及农业组织《预防、制止及消除非法、未报告、无管制捕捞活动的国际行动计划》（IPOA – IUU）的相关定义，"非法捕捞"包括多种违反国际法律或区域渔业管理组织养护和管理规定的非法行为；"未报告捕捞"（也称"不报告与渔业活动相关的所有信息"）具体包括违反法律或区域渔业管理组织养护和管理规定的不报、误报或瞒报行为（非法），以及那些虽然法律或区域渔业管理组织养护和管理规定没有强制要求但建议各方报告的行为（不管制）；"无管制捕捞"指不明国籍船只和非区域渔业管理组织成员的船只所开展的捕捞活动，还指那些因监测和问责存在难度而各国未能进行管制的特定捕捞活动。

过度捕捞，非法、未报告和无管制的捕捞活动对海洋生态环境养护和海洋资源可持续利用产生了严重的不利影响。每年非法、未报告和无管制捕捞活动的产量高达 2600 万吨，相当于世界捕捞年产量的 15% 以上。[①] 除了造成经济损失外，此类活动还威胁当地海洋区域的生态环境和世界粮食安全。

联合国粮食及农业组织一直致力于同非法、未报告和无管制捕捞行为做斗争。于 2004 年在全球范围开始实施的《船旗国表现

---

① 联合国粮食及农业组织：《2016 年世界渔业和水产养殖状况：为全面实现粮食和营养安全做贡献》，2016。

自愿准则》（*Voluntary Guidelines for Flag State Performance*）主要用以帮助各国防止悬挂本国旗帜的渔船从事严重危及海洋资源可持续利用的非法、未报告和无管制的捕捞活动。2009 年签署的《关于预防、制止和消除非法、不报告、不管制捕捞的港口国措施协定》（即《港口国措施协定》，*Port State Measures Agreement*）已于 2016 年 6 月 5 日正式生效。它是世界首部用以打击非法、未报告和无管制的捕鱼行为的具有法律约束力的国际公约，将成为国际社会打击非法、未报告和无管制捕捞行为的关键推动力。《港口国措施协定》赋予国家拒绝疑似参与非法捕捞的船只进入本国港口的权力，从而有助于防止非法捕捞产品进入当地和国际市场。这一举措将成为打击非法捕捞的一个转折点。联合国粮食及农业组织还牵头成立了一个包括全球渔船、冷藏运输船和供应船等的信息的全球数据库，该数据库有助于明确获准从事渔业和相关捕捞活动的具体船只。因此，在该数据库的支持下，联合国粮食及农业组织可与国际气象组织（World Meteorological Organization，WMO）开展合作，对相关船只进行识别、监测和追踪，实现对船旗国的系统评估。

欧盟基于《共同渔业政策》（*Common Fishery Policy*，CFP）率先展开了对非法、未报告和无管制捕捞活动的打击。欧盟理事会于 2008 年通过了《关于建立预防、阻止和消除非法、未报告和无管制捕捞的共同体体系》，该文件规定所有获准进入欧盟市场的海洋捕捞产品必须拥有相应的捕捞证书，否则欧盟将视其为非法水产并坚决拒绝进口。该文件通过严格控制欧盟水产品市场的准入标准来减少非法、未报告和无管制捕捞活动。

目前，非法、未报告和无管制的捕捞活动仍是一个严重的全球性问题，不管是在国家管辖范围之内的海洋区域还是在国家管辖范围之外的海洋区域都存在这一问题。法律体系的不完善、管理框架薄弱、各国之间缺乏足够的政治共识，已成为打击非法、未报告和无管制捕捞活动的主要障碍。尽管联合国相关机构反复提醒各成员国政府要取消造成非法、未报告和无管制捕捞活动的补贴，采取市场措施，防止非法渔获物和渔产品进入商业市场，确保采取养护海洋环境的措施。但是，实际情况并没有得到改善。

在接下来的打击非法、未报告和无管制的捕捞活动的全球行动中，市场将发挥重要的作用，各国或地区计划出台各类海产品指南和认证计划，通过建立第三方认证系统为海产品贴上生态标签，来告知海产品生产和消费链中的各方哪些海产品是处在可持续状态下，以此来引导生产和消费行为，即通过市场明确可持续和不可持续捕捞之间的区别倒逼海洋捕捞管理进行改革。

2. 打击破坏性海洋捕捞活动

副渔获物是指在捕捞目标品种时意外捕到的其他海洋生物。世界许多渔场的副渔获物数量很高，并且通常是不上报的。而这些副渔获物通常是具有生态重要性的鱼种和具有经济价值的海洋生物幼体。2014 年，全球有超过 2700 万吨的海洋生物被丢弃（见表 3 - 3）。

表 3 - 3　2014 年世界各海洋区域副渔获物产量

单位：万吨

海洋区域	副渔获物
太平洋西北部	913
大西洋东北部	367
西太平洋	278
太平洋东南部	260

续表

海洋区域	副渔获物
西大西洋	160
西印度洋	147
东北太平洋	92
其他区域	483
合　计	2700

资料来源：根据联合国粮食及农业组织提供的相关资料整理。

大量副渔获物的产生严重影响了海洋生态系统的稳定，会破坏海洋生态系统中食物链的稳定，甚至造成食物链断裂，继而影响海洋生物的多样性。副渔获物中很大一部分是海洋生物幼体，捕捞幼体严重破坏了渔业资源的再生产能力，使相关种群未来的成年体数量减少，严重影响了海洋捕捞的整体和长期效益。同时，被丢弃在海洋中的副渔获物在海底腐烂会消耗大量氧气，从而破坏海洋底栖生态环境。

部分区域通过实时监测辖区内渔业资源状况、改良渔具、定期关闭海域等方式来减少副渔获物的产出。在东南亚地区，联合国粮食及农业组织和全球环境基金的合作项目——拖网渔业兼捕管理（REBYC‐Ⅱ CTI）效果显著[1]，该项目用渔业生态系统方法管理关键利益相关方的行为，在一定程度上恢复了相关地区的海洋和沿海资源。美洲间热带金枪鱼委员会（Inter‐American Tropical Tuna Commission，IATTC）对金枪鱼渔场的集鱼装置进行管理，

---

[1] 《通过〈执行1982年12月10日《联合国海洋法公约》有关养护和管理跨界鱼类种群和高度洄游鱼类种群的规定的协定〉和相关文书等途径实现可持续渔业》，联合国官网，http：//www.un.org，最后访问日期为2016年11月21日。

保留每艘渔船配备的集鱼装置记录以及记录投放集鱼装置的时间和地点。养护大西洋金枪鱼国际委员会（International Commission for the Conservation of Atlantic Tunas，ICCAT）则实施了对金枪鱼及其同类鱼种的渔场观察计划，同时还监测金枪鱼渔场对海龟、海鸟和海洋哺乳动物等其他海洋资源的影响。

近年来，虽然近海资源的逐渐萎缩使得近海捕捞活动日益减少，但是由于开发了更有效的专门捕捞各种大小、分布于各个海洋水层鱼种的技术，捕捞活动得以远离海岸，扩展到较深的水层。目前，大部分远洋渔船可以在超过 400 米深的海水里作业，有些渔船可以在 1500～2000 米的深海作业。而深海渔业捕捞活动主要在以下海洋区域进行：在西南太平洋主要进行橙连鳍鲑、黑海鲂和蓝突吻鳕的捕捞活动；在北太平洋主要捕捞裸盖鱼，这片海域在 20 世纪 60 年代至 70 年代经历了五棘鲷的疯狂捕捞，以至于如今的五棘鲷已经处于商业绝种的程度；在东北大西洋海域主要进行橙连鳍鲑、鳚状长鳍鳕、黑等鳍叉尾带鱼和深海鲨鱼等鱼种的捕捞活动；在南大西洋以捕捞橙连鳍鲑为主；在西南印度洋，深海捕捞活动集中在马达加斯加海脊。

为了使捕捞产量最大化，部分捕捞活动采取了具有破坏性影响的捕捞法，包括底拖网/耙网捕捞、底层定置延绳、底层定置刺网、陷阱笼等。其中，底拖网给脆弱的海洋生态系统造成的破坏性十分惊人。由于拖网有限的选择性，会产生大量副渔获物，而海洋生态系统中的岩石和沉积物也会被捕捞上来，从而降低了生态环境的复杂性，并且由于在松软的底层搅动沉积物，会造成栖息在海底的生物群落窒息。同时底拖网由于直接接触海底并且范围较大，会直接损伤海底生态系统和海底生物群落。

　　脆弱的海洋生态系统表现出更为脆弱的物理性或功能性。由于构成这些脆弱海洋生态环境的生物个体生命周期长、生长发育迟缓、繁殖率低，因此这些海洋生态环境一旦受损就很难恢复或者永远都得不到恢复。近年来，受捕捞活动影响最大的脆弱海洋生态系统是珊瑚礁、海隆和深海礁石。当前，国际社会对深海渔业进行管理和对脆弱海洋生态系统进行养护的状况并不尽如人意。从法国到挪威北极地区的欧洲大陆沿海地区，到处散落着作为副渔获物被打捞上来的珊瑚碎片。加拿大和美国的捕捞船队都曾向管理部门报告称，在捕获物中发现了珊瑚。联合国环境规划署的资料显示，深海渔业活动给生长在海隆上的海底无脊椎动物造成难以恢复的伤害。

　　联合国粮食及农业组织于 2008 年通过了《公海上深海渔业管理国际准则》（*International Guidelines for the Management of Deep - Sea Fisheries in the High Seas*），旨在帮助各国、各区域渔业管理组织对深海渔业实现可持续管理，养护海洋生态环境。同时，联合国粮食及农业组织还创建了关于脆弱海洋生态系统的全球信息数据库，出版了方便用户使用的鱼种识别指南。全球环境基金承诺，在 5 年内为联合国粮食及农业组织制订国家管辖范围以外区域深海渔业管理和脆弱生态环境养护的相关方案提供 4000 万～5000 万美元的资金支持。

　　澳大利亚、加拿大、新西兰、挪威、美国等国通过建立不同层次的海洋保护区，包括不允许一切捕捞活动的禁捕区，对渔具和捕捞方法实施限制的海洋保护区等来实现海洋资源的可持续利用。加拿大出台了适用于本国水域和在本国管辖范围以外从事捕捞的加拿大渔船的敏感海洋地区政策。摩洛哥正式规定在海洋捕捞中禁止使用筛孔漂流网。苏里南禁止多个渔场使用低层拖网进行海洋捕捞。

区域渔业管理组织也发挥了重要作用。北大西洋渔业组织（Northwest Atlantic Fisheries Organization，NAFO）为了评估监管区内所有海隆的生态环境和资源状况，在 2007～2010 年三年间禁止任何船只在该组织监管区内进行捕捞活动。西北大西洋渔业组织（Northwest Atlantic Fisheries Organization，NAFO）于 2010 年关闭了11 个高密度海绵和珊瑚区，并启动了海隆区域关闭的相关程序。东北大西洋渔业组织（North‐East Atlantic Fisheries Organization，NEAFO）在其监管区内关闭了 8 个海域以保护脆弱的海洋生态系统。

三　保障可持续小规模渔业的发展

2014 年，全球约有 5660 万人从事渔业捕捞和水产养殖。其中，亚洲地区的渔民占到全球渔民总数的 80% 以上，仅中国就有约 900 万渔民，占全球总数的 24%。[①] 近年来，亚洲和非洲地区从事渔业的人口不断增加。尽管拉丁美洲和加勒比地区从事渔业人口数量在下降，但是这些地区过去 10 年的人口增长率呈现下降趋势，相对来说其海洋渔业的就业规模其实有适度的扩大。由于渔业政策的调整以及捕捞技术的发展降低了渔业捕捞对人工的依赖，欧洲和北美洲从事海洋捕捞的人数近年来经历了较大幅度的下降。比如，1995～2014 年，冰岛从事海洋捕捞的人数减少了 2400 人，

---

① 联合国粮食及农业组织：《2016 年世界渔业和水产养殖状况：为全面实现粮食和营养安全做贡献》，2016。

挪威减少了 1.3 万人。①

在捕捞渔业中，小规模渔业为全球数十亿人口提供了动物蛋白质，为全球粮食安全做出了贡献。捕捞渔业中 90% 的就业机会与小规模渔业有关，女性在小规模渔业从业人员中的占比约为50%。小规模渔业往往是沿海地方经济的重要支撑力量，是全球消除贫困、实现性别平等的重要推动力。目前，小规模渔业社区处在边缘状态，小户个体渔民往往生活在偏远地区，进入市场和获得卫生、教育和其他社会服务的途径有限。小规模渔业面临着众多挑战，包括渔业资源不断减少，海洋环境不断退化，其他有实力的行业与小规模捕捞社区争夺生产和生活资源，以及由于在决策层面参与较少，行业内外出台的相关政策与措施不利于小规模渔业发展等。因此，小户个体渔民的状况需要得到各方重视，他们的权利需要被尊重，他们的生计需要得到保障。

为了使小户个体渔民能获取海洋资源并顺利进入海洋市场，目前联合国非常重视培育小户个体渔民的渔民渔工组织。早在1959 年，联合国就与国际劳动组织（International Labour Organization, ILO）共同举办了主题为"渔业合作社"的相关技术会议，认为成立小规模渔业组织的目的是通过赋予小户个体渔民以权利使得他们能与当局在渔业管理事务上展开合理的协商。2008 年，在泰国曼谷举办的全球小规模渔业大会特别强调了小规模渔业组织可以在维护粮食安全和农村减贫方面发挥重要的作用。组织化的小户个体渔民可以提高自身在生产链中的议价权，获得在参与

① 联合国粮食及农业组织：《2016 年世界渔业和水产养殖状况：为全面实现粮食和营养安全做贡献》，2016。

各项政治、经济和社会事务中的发言权，以及更好地承担起发展可持续渔业的责任。

联合国粮食及农业组织在 2014 年推出了《小规模渔业准则》。该准则在充分尊重小户个体渔民的基本人权的前提下，帮助实现整体的社会发展和负责任渔业的可持续发展。此外，联合国粮食及农业组织还在开展多个深层次案例研究，以便可以科学合理地对小规模渔业组织及其集体行动取得成功的关键因素和行动逻辑展开评估，并以此为依据设计出一套可以推广的经验和开发战略来维护全世界小户个体渔民的利益。

第三节　海洋科技的发展

发展海洋科技是养护海洋环境和实现海洋资源可持续利用的重要组成部分，国际社会对此高度重视。《联合国海洋法公约》肯定了国家和组织进行海洋科学研究的权利："所有国家，不论其地理位置如何，以及各主管国际组织，在本公约所规定的其他国家的权利和义务的限制下，均有权进行海洋科学研究。"[1] 该公约第十四部分特别对"海洋技术的发展和转让"做出了详细解释。指出要在公平合理的条款和条件上发展和转让海洋科学和海洋技术，认为对于在海洋科学和技术能力方面可能需要并要求技术援助的国家，特别是发展中国家，包括内陆国和地理不利国，应促进其在海洋资源的勘探、开发、养护和管理，海洋环境的养

---

[1] 《联合国海洋法公约》，联合国官网，http：//www.un.org，最后访问日期为 2016 年 11 月 20 日。

护和保全方面实现发展。2002 年召开的可持续发展问题世界首脑会议提出，养护海洋生态环境、实现海洋资源可持续利用的重要举措之一就是开发全球海洋观测系统、执行全球海洋观测系统计划。

一 海洋科技发展现状

目前，全球海洋科技发展十分不平衡。美国、俄罗斯和日本等海洋科技强国早在 20 世纪中期就制定了国家海洋战略，大力发展海洋科技，在海洋观测、海洋遥感、海洋勘探等方面取得了巨大成绩。特别是，美国作为超级大国在海洋科研方面实力超群，2003～2011 年在海洋科技领域发表文献的评估得分位居世界第一，并且是排名第二的中国发表文献数量的两倍多（见表 3-4）。与此同时，广大发展中国家，特别是最不发达国家和小岛屿发展中国家以及非洲沿海国家的海洋科技至今为止基本没有发展，它们没有成立专业的海洋研究机构，海洋科研人才稀缺，海洋科研成果产出寥寥。

表 3-4 2003～2011 年主要国家海洋科学方面的科研生产力和科研影响力

国 家	发表文献得分	SI 影响力	ARC 影响力	ARIF 影响力	GI 影响力
美 国	146658	1.02	1.28	1.17	0.99
中 国	66598	0.80	0.77	0.78	1.09
英 国	44422	1.17	1.43	1.21	0.98
日 本	36812	1.02	0.88	0.91	1.04
德 国	32616	0.91	1.42	1.16	1.03
法 国	31408	1.18	1.36	1.15	1.05

续表

国　家	发表文献得分	SI 影响力	ARC 影响力	ARIF 影响力	GI 影响力
加 拿 大	29162	1.36	1.33	1.17	0.91
澳 大 利 亚	26696	1.81	1.36	1.16	0.98
西 班 牙	21798	1.31	1.24	1.13	1.01
意 大 利	20703	1.02	1.12	1.08	0.99
印 度	16033	0.97	0.71	0.80	0.93
挪 威	13874	3.96	1.28	1.10	0.95
巴 西	13869	1.24	0.73	0.87	1.06
俄 罗 斯	13827	1.24	0.52	0.55	1.03
韩 国	11983	0.84	0.83	0.90	1.15
荷 兰	11843	1.03	1.53	1.20	0.96
瑞 典	8266	1.08	1.49	1.22	1.02
土 耳 其	7540	1.00	0.85	0.87	1.06
丹 麦	7428	1.71	1.53	1.21	0.94
墨 西 哥	7069	1.82	0.71	0.88	0.94
葡 萄 牙	7043	2.13	1.20	1.10	1.02
新 西 兰	6606	2.40	1.37	1.14	0.92
比 利 时	6128	0.95	1.49	1.17	1.03
波 兰	6108	0.78	0.75	0.79	1.09
瑞 士	6023	0.72	1.90	1.31	1.16

资料来源：联合国教科文组织政府间海洋学委员会《全球海洋报告（GOSR）》，2016。

二　加强能力建设与实现全球合作

海洋是全人类的共同财产，而海洋科技的研究和服务对象就是海洋这个巨大的、共通的自然、社会生态系统，且每一项区域性活动都会最终影响到全球海洋。因此，发展海洋科技不仅需要多学科的协同努力，而且需要国与国之间、区域与区域之间乃至全世界范围内的科研合作。培训海洋科学家和科技人员，开发和制造海洋仪器设备和平台，创建资料交换和储存网络，建立科学家之间的联络交流网络和在国家与区域层面建立现代化的基础设施等有助于促进海洋科技的整体能力建设。① 公平合理地转让海洋技术有助于广大发展中国家提高自身海洋科技水平，促进社会、经济发展，实现全世界范围内的海洋环境养护和海洋资源可持续利用。

作为联合国教科文组织的下属机构，成立于 1960 年的政府间海洋学委员会在联合国的海洋管理体系中有着独特而重要的地位。它是联合国系统内海洋科技的唯一主管机构，作为一个有自主性的功能主体，为全球海洋科技的发展提供了信息交流、能力建设、协调合作的国际性平台。政府间海洋学委员会发布的《海洋技术转让标准和准则》是被《联合国海洋法公约》承认的，具有法律约束力的海洋科技领域的国际标准。

国际海底管理局（International Seabed Authority，ISA）成立了捐赠基金，以促进并鼓励开展国际海底区域的海洋科研合作项目。该基金为来自发展中国家的相关科学家和技术人员参与国际海洋科研计划和活动提供机会和资金支持。截至 2011 年，捐赠基金已经先后 6 次放款，共发放资金 250 万美元。主要资助项目包括研究生物多样性、物种范围和太平洋深海结核区基因流动以预测和管理深海海底采矿的卡普兰项目（Kaplan Project），建立克拉里昂 - 克利珀顿区多金属结核矿床地质模型的项目（Geological Model Pro-

---

① 〔美〕菲尔德等：《2020 年的海洋：科学、发展趋势和可持续发展面临的挑战》，吴克勤等译，海军出版社，2004。

ject: Metals of Commercial Interest in Polymetallic Nodule Deposits of the Clarion – Clipperton Zone）和评估海洋山脊生物多样性的 Cen-Seam 项目。[①]

为了让沿海国家具备水文学能力，从而可协助加强海上安全和海洋环境养护，国际水文学组织（International Hydrographic Organization，IHO）成立了 CB 基金，用以向世界各国提供援助，尤其是向发展中国家和小岛屿发展中国家提供援助。[②] 其援助内容包括技术援助，为各国提供水文测量、海图绘制和航海航运信息；为各国的海洋科学家和技术人员提供培训和教育以及直接提供项目资金。

联合国海洋事务和海洋法司（United Nations Division for Ocean Affairs and the Law of the Sea）管理着两个为发展中国家提供能力建设机会的研究基金，即汉密尔顿·谢利·阿梅拉辛格纪念研究基金和联合国－日本财团研究基金。这两个研究基金在海洋事务和海洋法领域以及包括海洋科学在内的相关学科中，为广大发展中国家提供量身定制的研究方案，以支持这些国家海洋科技的发展与进步。

---

① 《捐赠基金项目》，国际海底管理局官网，https：//www.isa.org.jm，最后访问日期为 2016 年 11 月 21 日。

② 《CB 基金》，国际水文学组织，http：//www.iho.int，最后访问日期为 2016 年 11 月 21 日。

第四章 中国海洋环境养护与海洋资源可持续利用的现状

"泱泱中华，浩浩蓝疆，求民族复兴之道，必兴海以图强。"[1]中国当前正处在发展的重要战略机遇期，和转变发展方式以实现工业化、城市化的关键时期。与过去相比，中国所面临的国际、国内形势都发生了巨大变化，发展的重心和战略要点也从陆地逐渐转向海洋，力争实现海陆一体化。目前，我们不仅要积极应对气候变化、海平面上升、海洋水体酸化等一系列全球性问题，承担起海洋大国应尽的责任和义务，而且必须解决国内资源紧缺、环境恶化等严峻问题，重塑可持续发展的格局。

中国是海洋大国，海洋为我国社会提供了宝贵的财富，是实现可持续发展的重要空间资源。中国海岸线长18000千米，领海面积约为38万平方千米，主张管辖的海域面积约为300万平方千米，岛屿总面积约为3.87万平方千米。[2]巨大的海洋生态系统和丰富的海洋自然资源为中国经济社会的发展奠定了坚实的基础。据估计，全国20%的动物蛋白质、23%的石油、29%的天然气以及多

---

① 摘自陈鹥《中国海洋大学崂山校区记》。

② 全国人大常委会法制工作组编《中华人民共和国海岛保护法释义》，法律出版社，2010，第165、182页。

种旅游休闲娱乐资源都来自海洋，且这些比重有逐年上升之势。
2012 年，党的十八大进一步明确我国未来发展的重心在海洋，并
提出建设"海洋强国"的战略部署和"一带一路"的战略构想，
这些决策必将推动中国继续走向深海、远海，形成面向海洋、联
通欧亚大陆的对外开放新局面。

中国对海洋之于社会发展重要性的认识并非一蹴而就，而是
经历了几个阶段的曲折发展和实践检验。特别是自改革开放以来，
中国领导人对海洋的重视程度日益提高。与之伴随的是，一系列
海洋科技创新取得突破性进展，对海洋资源的勘探与开发活动日
益频繁。但是，人们盲目追求经济的增长导致海洋资源的过度开
发与浪费，海洋环境污染状况逐年恶化，海洋的生态服务功能下
降，海洋灾害发生频率升高，这一系列的海洋问题都成为阻碍社
会经济进一步发展的绊脚石。在经济社会的转型时期，国家对海
洋开发的认识也从粗放型发展模式向集约型发展模式转变，并通
过一系列政策调控引导海洋经济健康、持续发展。

根据国家重大海洋政策的制定、施行状况，可大致将我国的
海洋开发历程分为探索海洋、走向海洋、经略海洋三个阶段。探
索海洋阶段：自改革开放至十六大（2002 年）；走向海洋阶段：自
十六大至十八大前夕（2011 年）；经略海洋阶段：十八大（2012
年）至今。① 在探索海洋阶段，国家将海洋开发的着力点放在利用
海洋资源优势扶持海洋产业崛起、推动海洋经济发展方面。改革
开放初期，国家整体转向了以经济建设为中心的发展模式，因此

---

① 唐国建、赵缇：《中国海洋环境发展报告》，载崔凤、宋宁而主编《中国海洋
社会发展报告（2015）》，社会科学文献出版社，2015，第 155 页。

依托海洋发展社会经济成为该阶段的首要任务。在走向海洋阶段，海洋科技取得了许多突破性发展。海洋技术的日渐成熟，便利了人们对海洋资源的勘探与开发，我国海洋资源在这一时期转入被全面开发利用阶段。海洋资源的大规模开发给海洋生态环境带来了巨大压力，海水水质下降、海洋生态功能衰退、海洋灾害频发，生态环境问题造成的社会经济损失巨大。在经略海洋阶段，海洋资源的开发与海洋环境的养护进入法治化发展阶段，对海洋生态的监管也逐渐系统化，可持续地利用海洋资源成为中国社会发展的重要目标。

第一节　中国海洋污染治理与生态环境养护状况

自改革开放以来，中国的海洋经济得到迅速发展，人民的生活水平极大提高，但也付出了巨大的环境代价。一方面，环境污染日趋严峻，大量海洋资源因备受污染而不能持续被人类利用。同时，海洋环境的污染不但直接制约着海洋社会的发展步伐，而且在很大程度上威胁着陆地生态环境。另一方面，中国政府和人民已经意识到海洋环境的重要性，积极投身于对海洋生态环境的养护和治理，以最大限度地降低海洋事业发展的经济和健康成本。自20世纪70年代开始，我国政府就把"减少环境污染和保护自然资源"提升至国家政策的优先领域。到90年代，环境保护已成为我国的一项基本国策，成为我国立国、治国的基础。

一　中国海洋污染治理状况

每一历史发展阶段的海洋环境状况都与当时经济社会的发展

状况相适应。20 世纪 70 年代之前，中国近岸海洋环境整体保持良好状态，未受到显著污染和破坏。在始于改革开放初期的探索海洋阶段，国家把工作重心转移到经济建设上，因此国家海洋发展的重心也转移到大力开发海洋资源、发展海洋经济上。在此期间，海洋环境开始恶化，海洋环境污染与生态破坏问题初步显现，人们的海洋环境养护意识尚未强化。

在走向海洋阶段，以牺牲海洋环境来换取经济增长的发展路径业已模式化。人们对海洋环境的污染和破坏力度已经大大超出资源环境的恢复能力，海洋环境急剧恶化成为这一阶段重要的社会问题之一。正是在这样的社会背景下，人们的海洋环境养护意识觉醒并开始采取一系列积极行动促进海洋的可持续发展。

在经略海洋阶段，科技创新成为驱动海洋产业转型升级的重要动力。海洋经济发展模式集约化，旨在以最低的资源投入和最高的生产效率，获得最大的经济收益。人们对海洋资源的开发力度较前两个阶段来说有所下降，不再盲目地增加环境投入来扩大生产，加之我国这一时期的海洋环境养护已经具备了较为完整的法制保障，环境管理的执行力也得到强化，人海关系有所缓和。

1. 海洋污染现状

通常来说，海洋环境污染是指人类直接或间接地把污染物引入海洋环境，从而造成的损害海洋生物、威胁人类健康、妨碍海洋生产、降低海洋环境优美程度等后果的污染活动。它具有来源广、面积大、持续久、防治难、危害强的特点。海洋污染直接表现为海水质量下降，其最具代表性的指标为"清洁－污染海域面积"。

从表 4－1 中数据可以明显看出，自改革开放初期至 20 世纪

90 年代末，我国对海水质量的监测缺乏公开性的统计数据，人们对海洋水体环境健康的关注程度普遍较低。进入 21 世纪，特别是自十六大提出"实施海洋开发战略"以来，我国进入了大规模海洋资源开发阶段，迫切向海洋要资源的发展模式忽视了对海洋环境的养护。在走向海洋阶段，海洋水体质量进一步恶化。较清洁海域的面积从 2003 年的 80000 平方千米下降至 2011 年的 47840 平方千米，严重污染海域面积从 2003 年的 25000 平方千米扩大至 2011 年的 43800 平方千米。虽然在这一过程中海洋水体污染程度有所反复，但海水质量整体呈下滑趋势。海洋经济的发展同生态环境的矛盾在这一阶段变得更加尖锐。为缓和这一矛盾，实现人与海洋的和谐共生，2012 年，十八大提出建设"海洋强国"的战略目标。海洋强国建设是指人类社会以海洋为基础进行环境、生态、经济、军事等多方面综合性国家建设，而不仅仅是盲目发展海洋产业。随着国家对海洋环境的整治力度加强，海水质量状况有所好转，较清洁海域面积由 2012 年的 46910 平方千米增长至 2015 年的 54120 平方千米，而严重污染海域面积从 2012 年的 67880 平方千米缩减至 2015 年 40020 平方千米，环境保护成效非常显著。

表 4 - 1　2000～2015 年中国海水质量状况

单位：平方千米

阶段	年　份	较清洁海域	轻度污染海域	中度污染海域	严重污染海域	总　和
探索海洋	2000	102000	54000	21000	29000	206000
	2001	99440	25710	15650	32590	173390
	2002	111000	20000	18000	26000	174000

续表

阶段	年　份	较清洁海域	轻度污染海域	中度污染海域	严重污染海域	总　和
走向海洋	2003	80000	22000	15000	25000	142000
	2004	66000	40000	31000	32000	169000
	2005	58000	34000	18000	29000	139000
	2006	51000	52000	17000	29000	149000
	2007	51000	48000	17000	29000	145000
	2008	65000	72000			137000
	2009	70920	25500	20840	29720	146980
	2010	—		—	48000	—
	2011	47840	34310	18340	43800	144290
经略海洋	2012	46910	30030	24700	67880	169520
	2013	47160	36490	15630	44340	143620
	2014	43280	42740	21550	41140	148710
	2015	54120	36900	23570	40020	154610

注：2012～2015年数据均为夏季检测结果。

资料来源：2002～2015年《中国海洋环境质量（状况）公报》。

海洋环境状况亦可以通过其他指标来表现，如主要河流污染物入海量、海洋垃圾数量以及海洋油气区环境状况。其中，主要河流污染物入海量是陆源污染的主要指标。我国对主要河流污染物入海量的公开监测统计数据始于2002年。起初主要对长江、珠江、闽江、黄河等境内主要入海河流进行监测，2005年监测的河流数量增至28条，比2004年增加了近一倍。2007年，被实施监测的河流总数超过40条。在经略海洋阶段，国家海洋局对主要河流污染物入海量监测的工作规模进一步扩大，2012年监测河流数目增加到72条，这也表明新阶段国家对海洋环境的重视程度进一步提升。

从污染物入海量来看，2003 年污染物入海量仅为 619 万吨，2011 年这一数值增长到 1820 万吨，增长了近两倍（见表 4 - 2）。随着政府对海洋环境关注度上升和河流整治措施的有效落实，经略海洋阶段陆源污染物入海量得到了有效控制。2012 年以来，主要河流污染物入海量稳定在 1700 万吨左右，海洋环境污染的恶化趋势得到有效控制。

表 4 - 2　2002 ～ 2015 年中国主要河流污染物入海量

单位：万吨

阶段	探索海洋	走向海洋									经略海洋			
年份	2002	2003	2004	2005	2006	2007	2008	2009	2010	2011	2012	2013	2014	2015
数量	636	619	1145	1071	1382	1407	1149	1367	1756	1820	1706	1676	1760	1751

资料来源：2002 ～ 2015 年《中国海洋环境质量（状况）公报》。

陆源污染的另一重要指标是海洋垃圾数量。海洋垃圾通常是指在海洋和海岸环境中具有持久性的、人造或加工的固体废弃物，主要来源于陆地环境，部分来源于海上生产作业。海洋垃圾主要包括海面漂浮垃圾、海滩垃圾和海底垃圾三部分。在探索海洋阶段，我国对海洋垃圾数量变化的监控关注程度较低，缺乏相关的统计数据。不过从 2007 年至今的统计数据（见表 4 - 3）来看，情况不容乐观，海面漂浮垃圾的密度持续上升，只在 2015 年稍有下降。海滩垃圾的密度变化起伏较大，但总体呈上升趋势。而海底垃圾的密度在经略海洋阶段整体较上一阶段有所下降，这与近年来国家加大了在海底垃圾打捞方面的投入力度有直接关系。这些数据的变化趋势证明了十八大以来我国在海洋环境管理工作中取得

表4－3　2007～2015年中国海面漂浮、海滩和海底大块、小块垃圾的个数和密度

单位：个/平方千米，千克/平方千米

阶　段	年　份	海面漂浮垃圾			海滩垃圾		海底垃圾	
		类型	个数	密度	个数	密度	个数	密度
走向海洋	2007	—	2900	7.4	400	5.9	3000	8
	2008	大	10	—	8000	296	400	621
		中/小	1200					
	2009	大	20	—	12000	698	200	489
		中/小	3700					
	2010	大	22	9	30000	770	759	90
		中/小	1662					
	2011	大	17	10	62686	1114	2543	336
		中/小	3697					
经略海洋	2012	大	37	14	72581	2494	1837	127
		中/小	5482					
	2013	大	29	15	70252	1622	575	36
		中/小	2819					
	2014	大	30	20	50142	3119	720	100
		中/小	2206					
	2015	大	38	18	69203	1105	1325	34
		中/小	2281					

资料来源：2007～2015年《中国海洋环境质量（状况）公报》。

的成效。而随着海洋产业的繁荣发展，特别是海洋旅游业的发展，海滩游客数量上升，海滩垃圾及海面漂浮垃圾的数量持续上升。这从侧面也反映我国人民的海洋环境养护意识有待加强，沿海区域环境管理工作任重而道远。

除陆源污染以外，海源污染也是造成海水质量下降的重要原因。当前，我国海域的海源污染主要是由海上油气作业及海洋溢油事故造成的。改革开放以来，我国海洋石油的开采力度持续增加，含油污水排海量和入海油量在三个阶段持续上升，居高不下；钻井泥浆排海量在经略海洋阶段出现明显下降；钻屑排海量呈反复上升趋势（见表4－4）。但总体来说，我国海洋油气区环境质量保持相对稳定，基本符合海洋环境养护的要求。

表4－4　1999～2015年中国海洋油气区环境状况

年　份		含油污水排海量	入海油量	钻井泥浆排海量	钻屑排海量	海上油气田数量（个）
探索海洋	1999	3174.5万吨	887吨	—	—	25
	2000	4648万吨	1358吨	—	—	25
	2001	5094万吨	1445吨	—	—	23
	2002	6769万吨	1608吨	28000立方米	23000立方米	26
走向海洋	2003	7619万吨	3434吨	44000立方米	39000立方米	32
	2004	6929万吨	—	65925立方米	53880立方米	32
	2005	9036万吨	—	58763吨	24658吨	39
	2006	10526万吨	—	81371吨	46439吨	39
	2007	10840万立方米	—	57886立方米	43923立方米	39
	2008	11675.85万立方米	—	55915.86立方米	39224.35立方米	136
	2009	16462万立方米	—	59495立方米	48464立方米	214
	2010	12168万立方米	—	52847立方米	45694立方米	195
	2011	12859万立方米	—	47709立方米	40926立方米	—
经略海洋	2012	13344万立方米	—	53074立方米	43861立方米	—
	2013	13434万立方米	—	70846立方米	64909立方米	—
	2014	16135万立方米	—	40248立方米	67176立方米	—
	2015	17837万立方米	—	21543立方米	45201立方米	—

资料来源：1999～2015年《中国海洋环境质量（状况）公报》。

　　海洋环境的污染直接或间接地引发了海洋灾害。入海污水大量排放使得近岸水体富营养化，从而引发赤潮灾害。因此，赤潮的发生次数和规模变化在一定程度上能够反映海水质量状况的变化。1999 年至今，赤潮发生的频次和规模从呈扩大化发展趋势变得逐渐得到有效控制。在探索海洋时期，赤潮发生频次逐年递增，这严重阻碍了对海洋渔业资源的捕捞和其他海洋作业活动的开展。在走向海洋阶段，国家通过采取积极措施有效预防了赤潮对海洋生产活动的干扰，赤潮发生频次和累计面积有所回落。进入经略海洋时期，年度赤潮发生规模进一步缩减。2015 年，我国海域赤潮发生次数仅为 35 次，累计发生面积为 2809 平方千米，是 21 世纪以来的最低值（见表 4 - 5）。

表 4 - 5　1999～2015 年中国海域赤潮发生次数及累计面积

单位：次，平方千米

阶　段	年　份	次　数	面　积
探索海洋	1999	15	—
	2000	28	10000
	2001	77	15000
	2002	79	10000
走向海洋	2003	119	14550
	2004	96	26630
	2005	82	27070
	2006	93	19840
	2007	82	11610
	2008	68	13738
	2009	68	14100
	2010	69	10892
	2011	55	6076

续表

阶　段	年　份	次　数	面　积
	2012	73	7971
经略海洋	2013	46	4070
	2014	56	7290
	2015	35	2809

资料来源：1995～2015 年《中国海洋环境质量（状况）公报》。

综上所述，海洋环境污染与人类的生产活动息息相关，虽然生产过程难以避免地会对环境造成影响，但两者之间的关系并非绝对对立、不可调和的。改革开放以来，我国在海洋污染防治方面做出了许多努力。特别是近年来，我们摒弃了以牺牲环境为代价换取经济增长的发展方式，可持续地利用海洋资源、养护海洋环境成为我们海洋工作的目标，海洋环境修复工作在一些方面取得了乐观的成效。人类社会与海洋环境的关系朝着更加和谐的方向发展。

2. 海洋污染的治理

改革开放至今是中国经济建设与发展的关键时期，其间海洋环境承受了巨大压力。面对海洋经济发展过程中出现的诸多环境问题，国家和社会做出了多方面努力。虽然在不同的阶段，国家和社会对海洋环境污染的关注程度和治理力度有所不同，但归纳起来，相关工作主要包括下述两个方面：法律制度建设与执法管理行动。

法律制度是规范人们行为方式的纲领，也是国家执法的依据。落实海洋污染防治与生态恢复必须以法律制度建设为基础，做到有法可依。改革开放以来，基于海洋污染日趋严峻的客观情况，我国海洋污染防治相关法律法规的制定与完善工作也被提上议程。

表4-6列举了20世纪70年代末期至今海洋环境发展的三个阶段中，我国针对海洋污染防治的主要法律法规。

表4-6 中国海洋环境污染防治主要法律法规

阶段	海洋环境污染防治的法律法规	生效日期
探索海洋	《中华人民共和国海洋环境保护法》	1983年3月1日
	《中华人民共和国防止船舶污染海域管理条例》	1983年12月29日
	《中华人民共和国海洋石油勘探开发环境保护管理条例》	1983年12月29日
	《中华人民共和国海洋倾废管理条例》	1985年4月1日
	《中华人民共和国防止拆船污染环境管理条例》	1988年6月1日
	《中华人民共和国环境保护法》	1989年12月26日
	《中华人民共和国防治陆源污染物污染损害海洋环境管理条例》	1990年8月1日
	《中华人民共和国防治海岸工程建设项目污染损害海洋环境管理条例》	1990年8月1日
	《中国海洋21世纪议程》	1996年
	《中国海洋事业的发展》	1998年5月
	《中华人民共和国海洋环境保护法》（修订）	2000年4月1日
走向海洋	《防治海洋工程建设项目污染损害海洋环境管理条例》	2006年11月1日
	《海洋功能区划管理规定》	2007年8月1日
	《国家海洋事业发展规划纲要》	2008年
	《中华人民共和国海洋倾废管理条例》（修订）	2011年1月8日
	《海洋特别保护区选划论证技术导则》（GB/T 25054-2010）	2011年2月1日
经略海洋	《关于建立渤海海洋生态红线制度的若干意见》	2012年10月22日
	《中华人民共和国海洋环境保护法》（修订）	2014年4月24日
	《海洋工程环境影响评价技术导则》（GB/T19485—2014）	2014年10月1日
	《中华人民共和国环境保护法》（修订）	2015年1月1日
	《国家海洋局海洋生态文明建设实施方案》（2015～2020年）	2015年7月

阶段	海洋环境污染防治的法律法规	生效日期
经略海洋	《中华人民共和国防止拆船污染环境管理条例》（修订）	2016 年 2 月 6 日
	《中华人民共和国海洋环境保护法》（修订）	2016 年 11 月 7 日

在探索海洋阶段，海洋环境问题初步显现。为填补我国在海洋环境养护方面的法律空白，《中华人民共和国海洋环境保护法》于 1983 年 3 月 1 日正式生效，这也是我国海洋环境保护法制化进程的开端。为细化海洋污染的不同类别，进一步落实该海洋环境保护法，国务院于同年颁布了《中华人民共和国防止船舶污染海域管理条例》和《中华人民共和国海洋石油勘探开发环境保护管理条例》，旨在防止船舶对海域水体的污染和海洋石油勘探开发对海洋环境的污染损害。

生态系统的物质循环特征决定了人们对海洋环境的污染并非仅限于海洋区域，陆地和大气亦是海洋环境污染的重要来源。因此，环境保护是一项全面且艰巨的工程。1989 年颁布实施的《中华人民共和国环境保护法》更是在法律制度建设上将环境保护从单一维度的海洋层面上升至海、陆、空三个层面，并指出保护环境是我国的一项基本国策。自此，国家对环境保护的法律制度建设朝着系统性、综合性方向发展。

除了推动国内环境保护的法律制度建设外，我国对于国际社会的环境保护要求也做出积极响应。在联合国环境与发展大会于 1992 年通过的《21 世纪议程》中，海洋环境养护作为重要部分被多次提及。1994 年，《联合国海洋法公约》的正式生效对国际社会解决海洋污染处理等问题具有指导性作用。中国政府根据上述文件的精神，于1996年制定了《中国海洋21世纪议程》。该议程阐明了中国海洋可持续发展的基本战略、战略目标、基本对策及主要的行动领域。其第八章特别将防止、减少和控制陆上与海上活动造成的海洋生态环境退化以及健全海洋环境污染监视监测系统等列为重要的行动领域。它标志着我国对海洋领域认识的深化，是我国海洋可持续开发利用的政策指南。

在探索海洋阶段，我国海洋污染防治的法律制度建设在国际和国内方面具有宏观性、纲领性特点，不仅在法律上弥补了海洋环境保护的空白，而且是日后制定、修订、细化海洋污染防治相关法律的依据。在走向海洋阶段，我国海洋污染法律制度建设更加完善、更加具体，立法工作不仅在海洋环境的宏观层面与时俱进、及时修订，而且继续细化至海洋的各个分区。从海洋功能区的划定到特别保护区的划定，从海洋工程项目建设的污染防治到海洋倾废的管理都体现着法制化的趋势。2011年，《国务院关于加强环境保护重点工作的意见》和《国家环境保护"十二五"规划》明确提出在海洋生态环境敏感区、脆弱区等区域划定海洋生态红线。这是我国治理海洋污染、实现环境可持续发展的重要保障。

十八大以来的经略海洋阶段的主要特点是国家把生态文明建设放在突出地位，而生态文明建设与经济建设、政治建设、文化建设、社会建设一道构成了我国社会主义事业"五位一体"的总体布局。社会经济的发展理念逐渐从人类中心主义过渡到人与自然和谐、可持续发展。生态文明理念指导下的海洋污染法律制度建设也卓有成效，相关海洋环境法律得到进一步修订，海洋环境立法体系已初步形成。

目前，我国海洋环境立法体系主要包含七个层面的内容：①全国人大制定的《中华人民共和国宪法》中关于防治海洋污染的法律规范；②全国人大常委会制定的养护海洋环境、防治海洋污染的法律，如《中华人民共和国海洋环境保护法》；③国务院制定的防治海洋污染的行政法规，如《中华人民共和国海洋倾废管理条例》；④国务院各部委制定的防治海洋污染的规章制度，如《船舶污染物排放标准》；⑤地方性人大及其常委会制定的有关防治海洋污染的地方法规，如《深圳经济特区海域污染防治条例》；⑥地方性人民政府发布的海洋污染防治的规章、决定、命令；⑦我国参与的国际性海洋环境养护与海洋污染防治的条约，如《联合国海洋法公约》。此七个层面的法律法规共同构成了我国海洋环境养护的法律基础，是我国海域污染防治的重要保障。

虽然我国海洋污染防治的法律建设在过去的三个阶段中不断细化和完善，但在某些方面仍有不足。我国法律制度建设中存在法条规定过于抽象、行政条例和法规相对滞后的问题。例如，我国至今尚未出台一部专门的有关海洋生态补偿的法律，但沿海部分省份已相继出台了省份内海洋生态补偿管理办法。据了解，2016年山东省出台的《山东省海洋生态补偿管理办法》为建立全国性的"海洋生态补偿法"提供了有益的尝试，积累了实践经验。另外，海岸带立法工作也应当被提上议程，以确保海洋环境养护的相关法律不仅在纵向的体系上具有完备性，而且在涵盖范围和广度上进一步全面化。上述法律漏洞使得我国在海洋生态权益受到侵害时，不能及时利用法律强制力保障自己的海洋权益，这将是日后我国海洋污染法律制度建设的重点所在。

改革开放以来，我国海洋污染执法体制建设也大致经历了探索海洋、走向海洋、经略海洋三个阶段。在探索海洋阶段，我国海上执法队伍建设相对落后，处于分散管理时期。在此阶段，国务院虽然组建了国家海洋局对整个海洋环境、资源、军事等方面的工作进行统一管理，但本质上这一阶段的海洋管理体制仍相对分散。部门之间、区域之间的职责交叉重叠，直接导致某些领域的管理出现两极化现象：或互相扯皮、责任推诿，或管理空白、权力真空。

在走向海洋阶段，我国海洋现代行政管理体系初步形成。在这一阶段，地方海洋管理机构逐步建立，国家海洋工作的管理权力也逐渐从国家海洋局下放至各地方，初步建立起海洋分级管理的局面。这一阶段的海洋执法问题主要表现为：涉海管理部门多头执法、各自为政，海洋执法管理陷入"多龙闹海"的困境。①

在经略海洋阶段，中国海洋执法进入综合管理时期。这一时期，我国的海洋执法管理开始以海洋环境和资源的可持续发展为目标，旨在维护我国海洋的整体利益。根据党的十八大精神，在2013年两会期间，国务院发布了《国务院机构改革和职能转变方案》。该方案提出将原有的国家海洋局、中国海监、公安部边防海警、农业部中国渔政、海关总署海上缉私警察五个部门的队伍和职责整合，重新组建国家海洋局统一由国土资源部管理（见图4-1）。这标志着我国"五龙治海"的时代结束，海洋执法管理队伍建设开始由分散走向综合，以更加系统化地发挥海洋执法功能。

改革开放至今，我国海洋污染执法管理朝着综合性、规范性、系统性方向发展。特别是进入21世纪以来，我国海洋污染执法行动

---

① 裴兆斌：《海上执法体制解读与重构》，《中国人民公安大学学报》（社会科学版）2016年第1期，第135页。

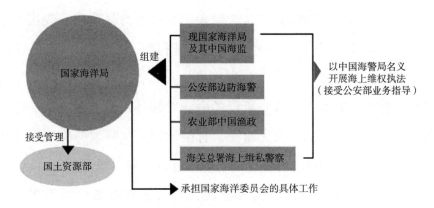

图 4 - 1　重新组建国家海洋局示意

资料来源：《国务院重组国家海洋局》，搜狐网，http://news.sohu.com/20130310/n368283460.shtml，最后访问日期为 2016 年 10 月 10 日。

的次数增多，强度增大，其中以"碧海"专项行动最具代表。2007年6月，浙江省率先开展了代号为"2007碧海行动"的海洋执法项目。该项目最初是旨在查处违法用海和非法捕捞而采取的海、陆、空联合执法大检查，以树立海洋管理部门的权威，提升海洋执法水平。[①] 次年6月，"2008碧海行动"在浙江开展。此项行动不仅有效维护了浙江省海域的水体环境，减少了非法排污案件对海洋环境的污染，而且向社会有效宣传了"防治海洋污染，保护海洋环境"的思想，提高了人们自觉保护海洋环境的意识。

"碧海"专项执法行动的有效实施促使该项目由浙江省逐渐推向全国。2009年，中国海监（总队）发布《关于开展"碧海2009"专项执法行动的通知》，沿海各地海监机构高度重视并组织落实。这一年度的"碧海"专项执法行动以渤海区域为重点，主要针对油气密集开发区域和溢油事故多发海域展开定期巡航，积

---

① 《"2007碧海行动"启航仪式在嵊泗举行》，浙江政府新闻网，http://www.shenghuobbb.com/，最后访问日期为 2016 年 10 月 10 日。

极预防海洋石油对水体造成的污染。这有效加强了油气开发海域的环境监管，保护了渤海的水体环境，规范了油气勘探开发用海秩序，标志着中国海洋环境保护执法工作迈上了一个新台阶。[①]

2010 年，"碧海"专项执法工作在国家范围内全面铺开。为继续发挥"碧海"行动在打击重大海洋环境污染行为方面的重要作用，国家海洋局于 2010 年印发了《关于开展"碧海 2010"专项执法行动的通知》。2010 年度"碧海"专项执法行动继续加强油气开发海域的环境保护工作，主要打击无证倾废，全面履行重点排污口监视监管职责，强化对重点陆源污染物入海排污口的监管以及对深海离岸排污口的监管工作。这一年度的"碧海"行动不仅强调了海监机构对海域环境的监管工作，而且强调各机构之间协调配合、信息沟通，提高了海洋环境保护执法工作的效率。通过"碧海 2010"专项执法行动平台，各地海监机构密切了与各相关部门的关系，这有助于共同防治海洋污染。[②]

根据《中国海监海洋环境保护执法工作实施办法》的要求，2011 年海洋环境保护执法工作进入规范化阶段并且相关部门组织开展了"碧海 2011"专项执法行动。此年度的"碧海"专项执法行动主要包括在我国海域范围内开展海洋保护区试点工作，全面启动全海域油气勘探开发定期巡航执法检查工作；建立完善的日常执法检查制度，使我国海洋执法队伍朝着规范化方向发展。2012 年度"碧海"专项执法行动重点查处未经批准向海洋倾倒废弃物或未按照批

---

① 《"碧海 2009"专项执法行动初见成效》，中国海洋在线网，http://www.oceanol.com/，最后访问日期为 2016 年 10 月 10 日。

② 《"碧海"专项执法全面铺开》，中国海洋在线网，http://www.oceanol.com/，最后访问日期为 2016 年 10 月 10 日。

准的条件、区域及倾倒量进行倾倒从而造成海洋污染的违法行为。而在"碧海 2013"专项执法中，各级海监机构对海洋倾废保持高压姿态，依托海洋倾废记录仪、卫星和视频监控等高科技手段，通过巡航、伏击、蹲守、检查等多项途径开展执法活动。据统计，"碧海2013"全年共查处倾废类案件 98 起，较 2012 年明显下降。[①]"碧海"执法行动自开展以来，已经成为我国海洋污染执法的重要平台。2014 年和 2015 年，"碧海"行动进一步强化，综合执法效果显著、执法领域不断扩大。由原来的限于海洋倾废、海洋石油开发、海洋保护区等方面的环境监管扩大到对海洋野生动植物的保护、海洋资源等执法领域。真正意义上完成了从"预防污染"向"养护生态"的角色转变，涵盖了中国海洋环境执法的全部领域。

二 中国海洋生态环境养护状况

我国近海海域以渤海、黄海、东海、南海为主要组成部分，跨越了温带、亚热带和热带三个气候区，因此我国海洋生态系统具有丰富性和多样性特征。但由于渤海、黄海、南海海域具有半封闭性特征，因此其生态系统的脆弱性明显，容易受到海洋开发活动的污染与破坏。

改革开放以后，滨海开发项目大量增加使得我国主要用海类型逐渐增多，海洋生态系统的压力也日益增大。当前我国用海类型主要包括：渔业用海、工业用海、交通运输用海、旅游娱乐用海、海底工程用海、排污倾倒用海、造地工程用海、特殊用海、其

---

① 《"碧海 2013"专项执法成效显著》，人民网，http：//politics. people. com. cn/，最后访问日期为 2016 年 10 月 10 日。

他用海等。通常认为，交通运输用海主要在大洋中进行，其有限的劳动力对海洋生态系统造成的综合破坏小，而工业用海、旅游娱乐用海、海底工程用海、排污倾倒用海、造地工程用海对海洋生态系统具有较大破坏力。因此国家对重点用海项目的规模控制也是反映该国海洋生态系统状况的重要指标之一。

根据官方公布的用海确权总面积数据可以看出，我国用海总面积在探索海洋阶段和走向海洋前半阶段持续快速增长，于2007年达到峰值（见表4-7）。这一时期，限于科学技术水平，国家海洋产业的增长模式是依靠大量的生态环境投入来换取经济收益，从而导致用海规模持续扩大。经略海洋阶段以来用海面积稍有回升但总体稳定在20万~35万公顷。

表4-7　2002~2015年中国主要用海类型及其已确权面积

单位：公顷

阶段	年份	确权海域总面积	工业用海	旅游娱乐用海	海底工程用海	排污倾倒用海	造地工程用海
探索海洋	2002	624740	14922	3776	3087	754	15493
走向海洋	2003	783011	26473	5265	21546	2117	11242
	2004	169112	10890	966	7223	168	5352
	2005	951978.09	40179.65	5658.33	18001.03	1034.56	31153.09
	2006	1125114.36	45435.17	6369.42	17389.64	1069.89	42420.90
	2007	1299313.31	40566.66	6631.66	17891.03	1103.51	54006.53
	2008	225432.31	4436.84	818.44	995.31	124.48	11000.71
	2009	178366.86	10520.27	1611.38	904.49	272.60	6037.30
	2010	193769.16	18095.94	2303.37	59.59	246.07	2280.38
	2011	185946.16	10391.43	1109.78	280.5	162.51	2238.58

阶段	年份	确权海域总面积	工业用海	旅游娱乐用海	海底工程用海	排污倾倒用海	造地工程用海
经略海洋	2012	271689.85	9132.87	1459.87	31.03	16.59	1464.87
	2013	349587.57	12776.40	2584.88	495.19	29.2	3257.61
	2014	335783.96	8176.71	1607.8	949.81	133.12	3568.61
	2015	228435.72	11205.67	3289.48	1074.36	150.41	1899.46

注：确权海域面积是指已经政府批准取得海域使用权的项目用海面积。

资料来源：2002~2015 年《海域使用管理报告》。

用海面积越大，人类活动对海洋生态系统的影响和破坏越大，生态系统整体的健康状况就会越差。以造地工程为例，围海造地直接导致天然湿地和潮间带面积减少，海岸纳潮能力下降，潮灾隐患增大。此外，它也破坏了海岸带的自然生态景观，削减了海洋生态系统多样性的组成部分。人为的造地工程也会破坏海洋生物的栖息环境，影响鱼群的洄游进而使渔业资源受到影响。根据上述规律，我们可以依据改革开放以来我国确权的用海面积的变化趋势来推测我国海洋生态系统健康状况的变化趋势：改革开放至 2007 年前后，海洋生态系统健康状况持续恶化，多呈不健康或亚健康状态；自 2008 年以来，国家对用海面积的管控力度增大，对海洋生态系统的养护加强，生态系统逐渐恢复，呈现良性发展趋势。

2010 年，我国海域使用管理执法力度大大加强。检查项目多达 29176 个，检查次数为 72233 次，发现违法行为 1836 起，行政处罚决定 826 件，其中渔业用海的管理执法占据所有海域使用管理执法之首（见表 4 - 8）。

表 4-8 2010 年中国海域使用管理执法统计

用海类型	检查项目（个）	查检次数（次）	发现违法行为（起）	行政处罚决定（件）
渔业用海	19725	39949	1023	355
工业用海	2437	6022	232	179
交通运输用海	2293	7173	98	37
旅游娱乐用海	654	5626	40	12
海底工程用海	140	793	0	0
排污倾倒用海	510	1668	36	14
造地工程用海	2731	8804	278	159
特殊用海	151	666	22	5
其他用海	535	1532	107	65
合　计	29176	72233	1836	826

资料来源：国家海洋局《2010 年中国海洋行政执法公报》，2011。

　　海岸带作为陆地生态系统和海洋生态系统间的缓冲地带，是我国海洋经济开发活动最为集中和活跃的地带。同时也是沿海地区可持续发展的生态屏障、近海渔业的重要作业场所和海洋生物最大的栖息地。海岸带的生态环境极易受人类的陆源排污、造地工程、水产养殖等活动的影响，其生态系统十分脆弱。国家海洋局对我国四大海域海岸带生态系统脆弱性的综合评估显示，我国中、高脆弱岸段海岸线长达 9344 千米，而低脆弱岸段海岸线仅有 5000 千米，仅占整体的 34.86%（见表 4-9）；按海域分布的纬度位置来看，低纬度海域的海岸带生态系统的状况显著优于中、高纬度地区，纬度越高，高脆弱岸段比例越高。

表 4 - 9 中国海岸带生态脆弱性评价结果

单位：千米

海 区	高脆弱岸段海岸线长度	中脆弱岸段海岸线长度	低脆弱岸段海岸线长度	合 计
渤 海	1525	729	857	3111
黄 海	1394	1306	576	3276
东 海	582	1257	1228	3067
南 海	81	2470	2339	4890
合 计	3582	5762	5000	14344

资料来源：厉丞烜等《我国海洋生态环境状况综合分析》，《海洋开发与管理》2014 年第 3 期，第 88 页。

我国海岸带生态系统的脆弱性不仅表现在岸线长度上，而且表现在海岸带规模上。根据 2015 年的《中国滨海湿地保护管理战略研究项目成果报告》可知，我国海岸带生态状况不容乐观。改革开放至今，我国对海岸带生态系统的保护存在明显空缺，半数以上的海岸湿地已遭破坏，70%～80% 的红树林和珊瑚礁也已消失。另外，海岸带面积的不断萎缩，改变了原有的海流体系和水动力条件，其周围水环境进一步恶化，湿地生态服务功能也因此受损。对此，该研究报告建议，我国应尽快编制相关法律条例以填补法律保护空白；提升地方政府对海岸带生态系统的保护程度并将其列入绩效考核范围；宣传海岸带湿地保护，提高民众对海洋生态系统的重视程度。

而对海洋生态系统状况的评价不仅要从生态系统的数量指标出发，而且要综合考虑其质量指标。上述的用海面积和岸线长度均属于海洋生态系统的数量（规模）指标。对生态系统质量指标的测评主要关注其健康状况。生态系统的健康等级可分为健康、亚健康、不健康三种状态。健康状态是指生态系统保持其原有自然属性；亚健康状态是指自然系统基本维持其自然属性；不健康状态是指生态系统的自然属性明显改变，主要服务功能严重退化甚至丧失。

根据国家海洋局公布的我国各类海洋生态系统健康状况可以看出，在走向海洋阶段，河口生态系统均处于亚健康和不健康状态（见表 4 - 10），这与此阶段河流输送的大量陆源污染物质直接相关。随着国家对入海污染物管控力度的加强，加之河口生态整治工程的开展，近年来河口生态系统服务功能逐渐恢复，持续稳定在亚健康状态。而海湾和滩涂湿地生态系统的健康状态则一直保持相对稳定，莱州湾生态系统的健康状况在经略海洋阶段出现明显好转。而珊瑚礁生态系统的健康状况不容乐观，近年来向亚健康状态发展。自然原因主要是全球变暖、海水酸化致使珊瑚礁生长速度放缓；人为原因主要是海洋捕捞，特别是拖网作业对珊瑚礁造成的物理破坏。相较之下，红树林和海草床生态系统的健康状态基本稳定，始终维持在较好水平。

表 4 - 10　中国典型海洋生态系统基本健康情况

生态系统类型	生态监控区名称	生态监控区面积（平方千米）	2003 年	2007 年	2012 年	2015 年
河　口	双台子河口	3000	2	2	2	2
	滦河口 - 北戴河	900	2	2	2	2
	黄河口	2600	3	2	2	2
	长江口	13668	3	2	2	2
	珠江口	3980	3	3	2	2

续表

生态系统类型	生态监控区名称	生态监控区面积（平方千米）	2003 年	2007 年	2012 年	2015 年
海　湾	锦州湾	650	—	3	3	3
	渤海湾	3000	2	2	2	2
	莱州湾	3770	3	3	2	2
	杭州湾	5000	3	3	3	3
	乐清湾	464	2	2	2	2
	闽东沿岸	5063	2	2	2	2
	大亚湾	1200	2	2	2	2
滩涂湿地	苏北浅滩	15400	2	2	2	2
珊瑚礁	雷州半岛西南沿岸	1150	1	2	1	2
	广西北海	120	1	1	1	2
	海南东海岸	3750	1	1	2	2
	西沙珊瑚礁	400	—	1	2	2
红树林	广西北海	120	1	1	1	1
	北仑河口	150	—	1	2	1
海草床	广西北海	120	1	1	2	2
	海南东海岸	3750	1	1	1	1

注：1 表示健康，2 表示亚健康，3 表示不健康。

资料来源：国家海洋局于 2003 年、2007 年、2012 年和 2015 年发布的《中国海洋环境质量（状况）公报》。

综合来看，我国各类生态系统呈现亚健康状态。2015 年，我国的河口、海湾、滩涂湿地、珊瑚礁、红树林、海草床等海洋生态系统的健康、亚健康、不健康状态分别占 14%、76%、10%。河口生态系统均呈亚健康状态；海湾生态系统多数呈亚健康状态，锦州湾、杭州湾生态系统呈不健康状态；滩涂湿地、珊瑚礁生态系统均呈亚健康状态；红树林和海草床生态系统大部分呈健康状态。

　　海洋生态系统的物种数量也是反映其健康状况的重要指标。表4－11中数据显示，经略海洋阶段我国海洋生态系统典型物种总数呈逐年上升趋势。其中浮游植物和浮游动物的典型物种数基本稳定在一定水平；底栖生物的典型种类数增长速度最快，2011年仅为955种，此后逐年上升，2015年增至1505种；而海草、红树植物、造礁珊瑚的典型物种数则难以增长甚至有下降趋势，其原因主要是利益驱使下的人为破坏。

表4－11　2011～2015年中国海洋生态系统典型物种数

单位：种

年　份	浮游植物	浮游动物	底栖生物	海草	红树植物	造礁珊瑚	合计
2011	627	774	955	7	11	66	2440
2012	636	704	1087	7	10	68	2512
2013	701	713	1342	7	9	104	2876
2014	687	673	1479	6	9	77	2931
2015	752	682	1505	6	10	76	3031

资料来源：国家海洋局于2011～2015年发布的《中国海洋环境质量（状况）公报》。

　　海洋生态系统中的许多物种不仅具有食用价值、观赏价值，而且具有非常珍贵的药用价值。以红珊瑚为例，其因外观精致而可以被用于装饰，但数量稀少，因此具有较高的经济价值。同时，红珊瑚入药可辅助治疗角膜炎、溃疡等疾病，疗效显著。为保护海洋生态系统的多样性，我国将其列为一级野生保护动物，未经许可严禁采捕。而在经济利益的驱使下，不法分子对红珊瑚的非法采摘活动呈扩大化趋势，给海洋生态环境造成严重破坏。近几年，中国海警局加强了对非法采捕红珊瑚行动的打击力度，对红珊瑚物种进行了有效保护。据了解，2014 年海警局共查获红珊瑚 224.41 千克，出动海警舰船 4470 艘次、执法人员 47478 名，检查船舶 2163 艘次，立案 16 起，查扣非法猎捕红珊瑚船舶 140 艘、涉案车辆 4 辆，刑拘犯罪嫌疑人 80 名，给予破坏海洋生态的不法分子以巨大的震慑力。

相较于上述典型的海洋生态系统，海岛生态系统的健康状况多年来一直被人们所忽略。然而，海岛作为一个独特的地理单元，长期受海水冲刷而土壤贫瘠，生态系统的稳定性差，一旦被破坏便难以恢复。由于我国海岛生态修复工作尚处于起步阶段，因此这一领域的统计数据非常匮乏。据《中国海洋行政执法公报》统计，2010 年我国海岛保护检查项目共计 4137 个，检查次数为 8390 次，发现违法行为 30 起，但尚未给予行政处罚决定，其中对无居民海岛的保护检查力度最大（见表 4 - 12）。2015 年，我国海岛统计制度正式建立，填补了我国历史上海岛统计工作的空白。该项制度涵盖我国海岛资源、生态、经济等方面的统计数据，可为海岛生态系统保护工作提供数据支撑。同年 3 月，国家海洋局印发《2015 年全国海岛管理工作要点》，明确指出要把保

表 4 - 12　2010 年中国海岛保护监督检查执法统计

用岛类型	检查项目（个）	检查次数（次）	发现违法行为（起）	行政处罚决定（件）
有居民海岛	506	1590	8	0
无居民海岛	3486	6640	22	0
特殊用途海岛	145	160	0	0
合　计	4137	8390	30	0

资料来源：国家海洋局《2010 年中国海洋行政执法公报》，2011。

持海岛山水原生态作为海岛工作的主线和最高目标。特别强调划定海岛环境保护红线；建立海岛地名管理制度；推进海岛生态实验基地建设。旨在加强岛礁管控，为海上丝绸之路建设提供有力保障。

在经略海洋阶段，我党提出把生态文明建设放在突出地位，海洋生态系统的永续、健康发展是我们实现美丽中国建设目标的重要前提。当前阶段，虽然国家在海洋生态系统保护与监管方面做出了许多努力，海洋生态系统的综合状况明显好转，但亦有不尽如人意的地方。首先，海洋生态补偿机制需加强。目前，我国没有专门针对海洋生态补偿机制的法律法规，《中华人民共和国海洋环境保护法》也没有对生态损害赔偿做出明确规定。其次，在生态损害的评估上，缺乏统一的指标体系和测算方法，尚未建立起科学完整的评估体系，也没有专门的权威机构进行评估鉴定。这些是日后我国海洋生态系统保护工作科学化、系统化发展的努力方向。

第二节　中国海洋资源可持续利用状况

海洋资源的可持续利用直接关乎我国的社会经济发展，是实现"到2020年全面建成小康社会"的必然要求。我国海域广袤且跨纬度大，由北至南，四大基本海区的面积依次增大，其平均深度和最大深度也呈递增趋势（见表4-13）。因此，海域面积、海域地形和海域温度带的多样性使得我国海洋资源也具有多样性特征。

表 4 - 13　中国海区海域面积统计

单位：万公顷，米

自然海区名称	海域总面积	平均深度	最大深度
渤　海	770	18	70
黄　海	3800	44	140
东　海	7700	370	2719
南　海	35000	1212	5559
总　计	47270	—	—

资料来源：国家海洋局《中国海洋统计年鉴（2010）》，海洋出版社，2011。

在探索海洋阶段，我国海洋资源开发利用的主要特征是传统海洋资源在规模上的扩大性开采。对传统的海洋渔业资源、矿产资源、油气资源、化学资源的再开发成为我国经济快速发展的前提保证。在走向海洋阶段，我国海洋资源开发利用的主要特征是海洋能源、海洋旅游资源等海洋新兴资源的利用得到巨大发展。在经略海洋阶段，依托日益成熟的海洋科技，可再生资源的开发利用得到重视，可持续地开发利用海洋资源成为社会发展的必然趋势。

一　海洋资源利用现状

海洋经济的发展在很大程度上依赖对海洋资源的开采利用，从海洋生产总值占国内生产总值的比重变化趋势可以观察出我国海洋资源的开发利用趋势。在探索海洋阶段，我国海洋生产总值最高（2002 年）仅有 11000 亿元左右，处于较低水平。在走向海洋阶段，我国海洋生产总值呈连年递增趋势快速增长，且增幅较上一阶段大大提高，海洋经济整体发展势头较好。2006 年，海洋生产总值占国内生产总值的比重首次突破 10%。2011 年，海洋生产总值高达 45000 亿元左右，是 2002 年的 4 倍多。在经略海洋阶段，海洋经济持续发展，海洋生产总值保持稳定上升，2015 年增至 65000 亿元（见图 4 - 2）。

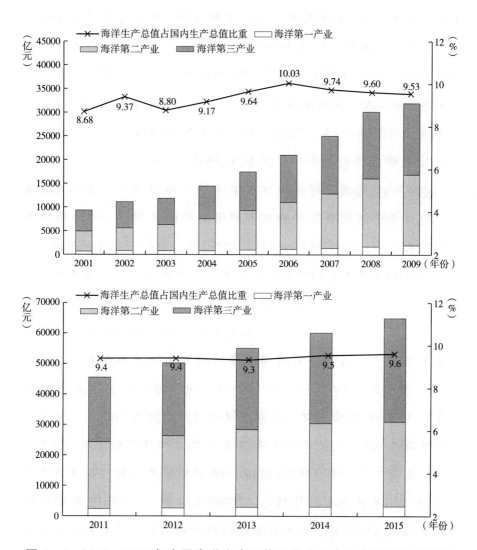

图 4 - 2　2001 ～ 2015 年中国海洋生产总值及其占国内生产总值比重情况

资料来源：国家海洋局于 2010 年和 2015 年发布的《中国海洋经济统计公报》。

海洋经济发展状况是海洋资源开发利用状况的一面镜子。改革开放以来，我国海洋资源的开采量持续走高。在探索海洋阶段，限于当时经济技术水平，海洋资源开发具有粗放性特点，盲目追求资源量的供给，海洋产业的投入产出比较大，资源利用效率偏低，资源浪费严重。而上述情况在此后的发展阶段中有所改善，从 2003 年开始，全面、协调、可持续的发展观成为海洋产业发展的指导思想；到 2012 年，中共十八大将科学发展观列为党的指导思想，国家越来越重视社会发展的科学性和资源利用的持续性。海洋产业逐步从粗放型向集约型转变，从资源密集型向科技密集型转变。

1. 探索海洋阶段——传统资源再开发

（1）渔业资源利用

渔业资源是我国传统海洋资源最重要的组成部分之一，中国人对渔业资源的开发利用最早可追溯至先秦时期。而对现代海洋渔业资源相关技术的研究与推广却始于 1912 年江苏省立水产学校的建立。新中国成立以来，沿海地区更加重视海洋渔业资源所具有的粮食与药用价值，海洋因此也被冠以"蓝色粮仓"的美誉。改革开放后，中国部分海域因过度捕捞而面临着渔业资源枯竭的危机，作为海洋捕捞业的替代性产业，海洋养殖业蓬勃发展起来，这有力地缓解了社会的"海粮"危机。目前，人们对海洋渔业资源的利用主要包括海洋捕捞业和海水养殖业两种产业形式。

一方面，就海洋捕捞业来说，我国近海各海域的捕捞产量不尽相同（见表 4－14）。其中，东海的捕捞量最大，南海和黄海次之，渤海因面积较小、空间有限而捕捞量最小。改革开放初到 20 世纪 90 年代末，我国近海海域的捕捞产量持续上升，由 1979 年的 275.44 万吨增至 1999 年的 1401.78 万吨。进入 21 世纪，形势有所逆转，各海域捕捞产量呈现下降趋势。随着航海技术的发展，近海海域污染、近海渔获物的数量和质量下降等各种因素迫使大量渔民走向远海，寻求更高的经济效益。

表 4-14　中国近海各海域海洋捕捞产量

单位：万吨

年　份	渤　海	黄　海	东　海	南　海	合　计
1979	32.25	60.35	134.24	48.60	275.44
1989	48.81	94.00	198.73	147.24	488.78
1999	162.45	347.77	545.60	345.96	1401.78
2009	105.95	303.66	442.75	326.23	1178.60

资料来源：引自李加林、马仁锋《中国海洋资源环境与海洋经济研究 40 年发展报告（1975～2014)》，浙江大学出版社，2014。

从总体来看，我国海洋捕捞量在 20 世纪末持续增长，特别是 90 年代中后期，产量快速提高（见图 4-3）。在捕捞品种方面，除了带鱼长期以来居于高产量水平以外，其他鱼类资源衰退严重（见表 4-15），特别是大黄鱼和小黄鱼的资源衰退显著，自 20 世

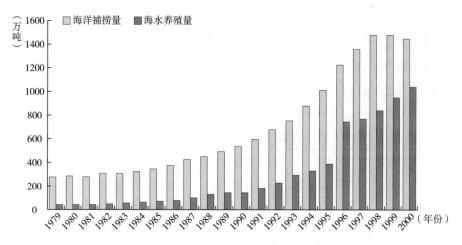

图 4-3　1979～2000 年中国海洋捕捞量和海水养殖量

资料来源：引自陈晔《我国海洋经济发展报告》，载崔凤、宋宁而主编《中国海洋社会发展报告（2015)》，社会科学文献出版社，2015。

纪90年代以后就退出海洋捕捞渔获物的前五位。而营养级位较低的蓝圆鲹、鳀鱼、马鲛鱼等品种的捕捞产量升至前五位。

表 4 – 15　中国海洋捕捞历史产量居前五位的品种

年　份	品种 1	品种 2	品种 3	品种 4	品种 5
1960	带　鱼	小黄鱼	毛　虾	大黄鱼	海　蜇
1970	带　鱼	大黄鱼	毛　虾	海　带	墨　鱼
1980	带　鱼	海　带	毛　虾	海　蜇	大黄鱼
1990	马面鲀	鲐　鱼	带　鱼	蓝圆鲹	马　鲛
2000	带　鱼	鳀　鱼	毛　虾	蓝圆鲹	马　鲛
2010	带　鱼	蓝圆鲹	鳀　鱼	鲅　鱼	鲐　鱼

资料来源：引自李加林、马仁锋《中国海洋资源环境与海洋经济研究 40 年发展报告（1975 ~ 2014）》，浙江大学出版社，2014。

　　另一方面，就海水养殖业来说，养殖水产总产量呈逐年上升趋势（见图 4 - 3），是海洋捕捞业的重要补充。我国的海水养殖业主要分为植物养殖和动物养殖。植物养殖主要指海洋藻类养殖，作物主要为海带、紫菜、龙须菜等常见的可食用海洋植物。动物养殖主要指海洋贝类、虾蟹类、鱼类、参胆类、海蜇类等的养殖。而海水养殖场所主要分布在沿海的滩涂、浅海、港湾等风浪较小的地区（见表 4 - 16）。

表 4 –16　中国主要海水养殖对象和场所类别

养殖对象及场所	类　别
藻类	海带、紫菜、龙须菜、江蓠、麒麟菜
动物类	软体动物中的贝类；甲壳动物中的虾类、蟹类；脊索动物中的硬骨鱼类；棘皮动物中的海参类、海胆类；环节动物中的沙蚕；刺胞动物中的海蜇；星虫动物门中的星虫
养殖场所	滩涂、浅海、港湾、鱼塭、池塘、网箱

资料来源：黄良民《中国海洋资源与可持续发展》，科学出版社，2007。

在探索海洋时期，海水养殖业的产量呈逐年上升趋势，但海水养殖业的发展为海洋环境埋下了许多生态隐患。据了解，为提高养殖水产的存活率，人们长期往养殖场中抛洒过量抗生素，使得养殖场水体恶化，水底沉积物质量变差。养殖水产的质量也就自然随之下降。

总之，海洋渔业资源产量不仅与海洋资源环境有着密切联系，而且与人们日益增长的市场需求紧密相关。在探索海洋时期，改革开放带来的日渐繁荣的社会主义市场经济大大提高了人们的生活水平和消费水平，改善了人民的生活质量。原本价格"昂贵"的海鲜水产品早已走入寻常百姓家。市场的扩大刺激人们进一步扩大生产规模，提高产量，供需之间的相互作用推动着我国海洋渔业的发展。

（2）海洋矿产资源利用

海洋矿产资源主要是指海洋本身所蕴藏的位于海滨、浅海、深海、大洋盆地、大洋中脊底部的各类矿产资源，如砂矿、海底锰结核、煤矿、海洋石油、天然气等。广义上的海洋矿产资源包含海底矿产资源和海水矿产资源两部分，但通常意义上理解的海洋矿产资源仅指海底矿产资源，而海水中所蕴含的矿产资源被归为海洋化学资源。随着我国工业化进程的稳步推进，陆地矿产资源供给出现紧张局面，难以满足人们的需求。而海洋矿产因其开发历史较短、储量丰富、矿质优良，吸引着人们的眼光。

在探索海洋阶段，我国海洋矿产总开发量迅速上升，海洋矿业增加值呈曲折增长趋势（见图4-4）。1994～1996年，海洋矿业的产值整体呈增长趋势，但增加值逐年减少。1994年，海洋矿业的增加值约为0.2亿元，到了1996年，海洋矿业几近零增长。1997～2000年，海洋矿业发展势头良好，增加值持续上升，其中

2000 年全年矿业增加值创历史新高，从 1999 年的 0.3 亿元迅速飙升至 0.6 亿元左右。海洋矿产资源是陆地工矿业发展重要的原料补充。在探索海洋阶段，我国工矿业发展呈现繁荣景象，从而推动了我国海洋矿产资源的开发进程。

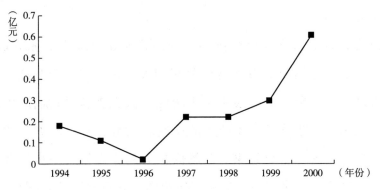

图 4 - 4　1994 ~ 2000 年中国海洋矿业增加值

资料来源：陈晔《我国海洋经济发展报告》，载崔凤、宋宁而主编《中国海洋社会发展报告 (2015)》，社会科学文献出版社，2015。

我国海洋矿产资源中比重最大的当属海洋油气资源和滨海砂矿资源。就海洋石油和天然气资源来说，我国近海有广阔的大陆架，接受了大量的来自陆地的有机物和泥沙沉积，所形成的沉积层可达数万米的厚度，其中蕴藏的石油资源总量约为 225.0 亿吨，经济资源量约为 78.8 亿吨；天然气资源储量约为 15.80 万亿立方米，经济资源量约为 5.53 万亿立方米（见表 4 - 17）。其丰富程度在世界范围内也处于领先地位。

表 4 - 17　中国海域油气资源统计

资源类型	近海盆地资源总量	经济资源量	探明率（%）	世界平均探明率（%）
海洋石油（亿吨）	225.0	78.8	12.3	73.0
海洋天然气（万亿立方米）	15.80	5.53	10.90	60.5

资料来源：黄良民《中国海洋资源与可持续发展》，科学出版社，2007。

我国海上油气开采作业主要集中在渤海、黄海、东海、南海北部大陆架区域。由于我国海洋油气资源分布不均衡，海洋油气开采作业有着明显的"重北轻南"现象。据统计，我国近海约有 300 个可供勘探的油气沉积盆地，其中大中型规模以上的约有 18 个。截至 2004 年底，我国海上油气田数量共计 32 个，其中渤海海域有 16 个，是四个海区中数量最多的。① 虽然我国海洋油气资源储量非常丰富，但可采油气资源的储量所占比例很小。据统计，我国累计探明技术可采石油储量总计约为 74563.4 万吨，剩余技术可采石油储量总计约为 40164.5 万吨。其中，在四个海区中，渤海的石油可采储量最大（见表 4-18）。但我国海洋石油和天然气的累计探明率分别仅为 12.3%、10.9%（见表 4-17），远远低于世界平均探明率。

表 4-18　中国各海区海洋石油可采储量

单位：万吨

自然海区名称	海洋石油	
	累计探明技术可采储量	剩余技术可采储量
渤　海	42289.5	29299.5
黄　海	—	—
东　海	1221.7	835.0
南　海	31052.2	10030.0
合　计	74563.4	40164.5

资料来源：国家海洋局《中国海洋统计年鉴（2010）》，海洋出版社，2011。

在探索海洋阶段，我国海洋原油产量经历了飞跃式增长。20 世纪 70 年代末至 80 年代末，海洋原油产量虽持续增长，但增幅较

---

① 崔木花、董普、左海凤：《我国海洋矿产资源的现状浅析》，《海洋开发与管理》2005 年第 5 期，第 17 页。

小，10 年共计增幅不足 500 万吨。进入 90 年代，海洋原油产量发生质的飞跃，从 1990 年的不足 500 万吨迅速升至 2000 年的 2000 多万吨。而海洋原油产值整体与原油产量成正比，但受世界原油价格的影响，在 1998 年前后出现回落。

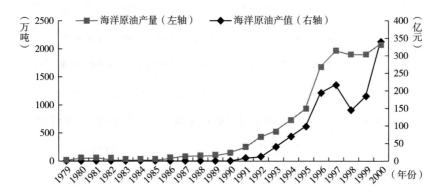

图 4-5 1979～2000 年中国海洋原油产量和海洋原油产值

资料来源：陈晔《我国海洋经济发展报告》，载崔凤、宋宁而主编《中国海洋社会发展报告（2015）》，社会科学文献出版社，2015。

海洋砂矿资源是指河流入海所携带的大量矿物质和海洋多次地壳运动及岩浆活动等形成的矿藏资源。矿岩风化后的碎屑进入附近海域，在海洋水体力的长期作用下于海岸带形成砂矿带。我国砂矿主要有海积砂矿和海河混合堆积砂矿，多分布在沙堤和沙嘴等地貌单元。我国滨海砂矿储量丰富，总储量约为 31 亿吨，探明储量约为 15.27 亿吨。约有矿种 65 种，矿床 191 个，其中大、中、小型的矿床分别有 35 个、51 个、105 个。与油气资源不同，我国砂矿资源的分布呈"南多北少"现象。福建、广东、海南三省的砂矿资源储量占全国总储量的 90% 以上。[1] 在探索海洋时期，

---

① 崔木花、董普、左海凤：《我国海洋矿产资源的现状浅析》，《海洋开发与管理》2005 年第 5 期，第 18 页。

我国砂矿开采处于粗放型阶段，选矿、采矿的技术水平明显落后于发达国家，矿料利用率较低，浪费现象严重。

（3）海洋化学资源利用

海洋化学资源的利用主要是指依托海水中蕴含的大量化学物质制盐（钠盐、镁盐、碘盐、钾盐、溴盐、铀盐等）。在探索海洋阶段，随着制盐技术的改进，我国海盐产量稳步上升。1979年，我国海盐产量刚刚突破1000万吨关卡，1989年海盐产量直逼2000万吨（见图4-6），而这个过程仅仅用了10年的时间。然而海盐产量在探索海洋阶段的下一个10年增幅较小，始终稳定在2000万吨上下。海盐产业在前期生产过程中，对原料投入的依赖程度较大，在技术成熟情况下，原料投入量越多，产出量越大。但在后期生产中，当原料投入量充足，如想获得更高水平的产量则需要技术方面的改进和升级。因此，这也就解释了为什么海盐产量增幅在探索海洋阶段的第二个10年远小于第一个10年。

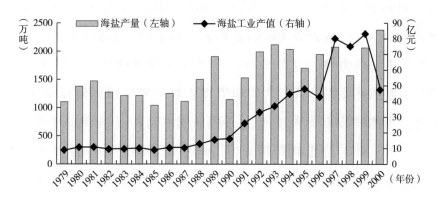

图4-6　1979～2000年中国海盐产量和海盐工业产值

资料来源：陈晔《我国海洋经济发展报告》，载崔凤、宋宁而主编《中国海洋社会发展报告（2015）》，社会科学文献出版社，2015。

在探索海洋阶段，我国海盐工业产值的增长趋势要比海盐产量更加乐观。1979～1989年，虽然我国海盐产量增幅较大，但海盐工业产值最高仅达18亿元左右，增幅不足10亿元。而在1990～2000年，海盐工业产值从18亿元左右跃升至近50亿元，在1997年和1999年，产值突破80亿元，这与我国海盐产量的发展趋势恰好相反。这种情况的出现归根结底是由市场的供需关系决定的。在第二个10年期间，海盐实际产量涨幅有所回落，相较于需求扩大化的市场来说，海盐供给量小于市场对海盐的需求量，因此单位海盐价格上升。由于海盐工业产值的计算与单位海盐价格息息相关，所以这一阶段尽管在海盐产量方面并没有太大突破，但产值增势仍然乐观。

2. 走向海洋阶段——海洋新资源的开发利用

在走向海洋阶段，我国海洋资源的开发利用呈现新特点——对海洋新型资源的开发利用力度增大。与探索海洋阶段相比较，这一时期人们对海洋资源的利用朝着可持续性、清洁性、休闲娱乐性方向发展，不再仅仅以促进社会工业化发展和经济腾飞为导向。其中，海洋能源和海洋旅游资源的开发利用成效卓著。

（1）海洋能源

为缓解传统能源资源的压力，改善我国气候环境质量状况，海洋能源的开发利用逐渐受到人们重视。海洋能源不同于煤、石油、天然气等传统能源资源，主要指潮汐、波浪、海流、温差、盐差等中蕴藏的动能、势能、热能、物理化学能等。因具有清洁性和再生性的特点而广受人们欢迎。

潮流能是潮汐能和海流能的总称，两者因常常混合发挥作用，没有严格划分界限，所以统称为潮流能。潮流能是海潮运动时产生的能量，也是人类最早利用的海洋动力资源。据记载，唐朝时期，我国沿海地区就已经出现了利用潮汐来推磨的手工作坊。在走向海洋阶段，我国潮流能资源得到进一步开发。据统计，这一阶段我国潮流能水道共计 130 个，主要分布在东海沿岸，黄海沿岸、南海沿岸也有，但数量不多（见表 4 - 19）。而渤海作为我国内海，风浪小，难以开发其潮流能资源。理论上，我国各海区沿岸潮流能资源蕴藏总量约有 13948.52 兆瓦，东海沿岸蕴藏量最高，达到 10958.15 兆瓦，占蕴藏总量的 78.6%。而黄海沿岸和南海沿岸的潮流能资源分别仅占 16.5% 和 4.9%（见表 4 - 19）。20 世纪 70 年代，英、美、日等发达国家就开始研究如何开发和利用潮流能，而我国于 70 年代末期也开展了多个原理性实验，但其应用开发的难度较大，难以推广实践。进入 21 世纪，特别是在走向海洋阶段，我国潮流能发电技术的进步得到了质的飞跃。在理论实验的基础上，这一阶段的潮流能发电逐渐从基础研究转向应用研究，从水道试点到扩大化推广，从而大大缓解了传统能源供给压力。

表 4 - 19　我国沿海潮流能资源蕴藏量

海　域	水道（个）	理论平均功率（兆瓦）	占比（%）
东海沿岸	95	10958.15	78.6
黄海沿岸	12	2308.38	16.5
南海沿岸	23	681.99	4.9
总　计	130	13948.52	100.0

资料来源：黄良民《中国海洋资源与可持续发展》，科学出版社，2007。

　　中国对海洋波浪能资源的开发和利用主要体现在波浪能发电上。顾名思义，波浪能是指海洋波浪所蕴含的动能和势能。与潮流能相比，波浪能因受风和水的双重作用力影响而具有不稳定性特征，因此其开发难度更大。

大洋中的波浪能资源是难以提取的，因此可供人们开发利用的波浪能资源仅局限于海岸线。中国海岸线漫长，波浪能蕴藏量丰富，年平均波浪功率约为每平方米 2～7 千瓦。在我国沿海省份中，台湾波浪能资源最为丰富，其平均功率可达 4291.22 兆瓦，其次是浙江、广东、福建、山东。而广西波浪能资源相对较少，仅有80.9 兆瓦（见表 4 – 20）。

表 4 – 20　中国沿海省份波浪能资源理论平均功率

单位：兆瓦

省　份	台　湾	浙　江	广　东	福　建	山　东	广　西
平均功率	4291.22	2053.40	1739.50	1659.67	1609.79	80.90

资料来源：黄良民《中国海洋资源与可持续发展》，科学出版社，2007。

（2）海洋旅游资源

我国海域跨纬度大，具备阳光、海水、沙滩、空气等四种最重要的旅游资源要素。据记载，我国滨海旅游资源的开发最早可追溯至 19 世纪，但滨海旅游作为一项产业则是在 20 世纪 80 年代以后才出现的。在走向海洋阶段，随着我国海洋经济的发展，对海洋旅游资源的开发利用逐步成为经济进一步发展的新型增长点。各类海洋旅游项目的开发、海洋旅游基地和旅游设施的建设使得我国海洋旅游业发展势头愈加迅猛。

在走向海洋阶段，我国滨海旅游业增加值增幅迅速。在探索海洋阶段末期，我国滨海旅游业年度增加值仅为 1523.7 亿元。而到了 2005 年，其增加值已突破 2000 亿元。2009 年，这一数值又进一步增长至 4352.3 亿元（见表 4 – 21）。滨海旅游业增加值迅速增长在一定程度上标志着我国海洋旅游资源的开发规模进一步扩大，有力刺激了国内市场需求。根据国内居民旅游情况调查，在走向海洋阶段，我国滨海旅游以海滨观光旅游为主，休闲度假旅游逐步兴起，商务会议和调研考察旅游发展迅速。另外，组团旅游仍是滨海旅游的主要形式，自驾游、徒步游等多样化旅游形式也日益流行。

表 4 - 21　2001～2009 年中国滨海旅游业增加值

单位：亿元

年 份	2001	2002	2003	2004	2005	2006	2007	2008	2009
增加值	1072.0	1523.7	1105.8	1522.0	2010.6	2619.6	3225.8	3766.4	4352.3

资料来源：国家海洋局《中国海洋统计年鉴 (2010)》，海洋出版社，2011。

海滨游客人数是反映海洋旅游资源开发程度的重要指标。在走向海洋阶段，国内海滨游客数量持续增长。2005 年，国内海滨游客共计 50717 万人次，2006 年上升至 51050 万人次，增加 333 万人次。2007 年这一数值上升至 65875 万人次，比上年增加了 14825 万人次，年均增长率为 13.97%（见表 4 - 22）。其中，浙江省和上海市连续三年都是接待滨海游客数量最多的地区，但辽宁省和海南省的滨海旅游业发展势头迅猛，年均增长率在 20% 以上，增速最快，有望成为后起之秀。上述数据充分说明，随着时间的推移和改革的深化，我国海洋旅游资源的开发利用日益充分。

表 4 - 22　2005～2007 年中国滨海旅游区接待国内游客人数

单位：万人次，%

省 份	2005 年	2006 年	2007 年	年均增长率
天 津	5013	—	6018	9.57
河 北	2098	2377	2613	11.60
辽 宁	4061	4901	6150	23.06

续表

省　份	2005 年	2006 年	2007 年	年均增长率
上　海	9012	9684	10210	6.44
江　苏	1973	2297	2686	16.68
浙　江	12481	14565	16879	16.29
山　东	6968	8195	9927	19.36
广　东	7605	8253	9238	10.21
广　西	786	—	1097	18.14
海　南	720	778	1057	21.16
合　计	50717	51050	65875	13.97

资料来源：国家海洋局《中国海洋统计年鉴（2009）》，海洋出版社，2010。

3. 经略海洋阶段——可再生资源得到重视

在前两个阶段，我国海洋资源的开发规模不断扩大，但利用效率不高，利用程度不够充分，从而造成海洋资源浪费现象严重，许多资源供应陷入紧张的局面。自进入经略海洋阶段以来，为缓解资源供应紧张局面，国家更加重视海洋资源的可持续开发和利用，以海水资源为代表的可再生资源因具有环境保护性、循环性、开发潜能大的特点而被人们广为推崇。

海水资源具有储量大和可再生性的优点，取之不尽、用之不竭。目前，人们对海水资源的利用主要体现在海水淡化和海水直接利用两个方面。海水淡化是指从海水中提取淡水的过程，它能够有效补充陆地淡水资源的不足，是解决沿海地区淡水资源紧缺问题的重要途径。海水直接利用是指用海水直接代替淡水辅助进行工业生产和生活。其中，工业生产过程中对海水的直接利用主要体现在海水冷却、海水脱硫、海水回注采油等方面；而生活中对海水的直接利用主要体现为海水冲厕、海水洗涤、消防用水、印染用水等。

海水淡化具有技术依赖性特点。在 20 世纪 30 年代，海水淡化主要采用蒸馏法；50 年代以来，海水淡化主要运用多级闪蒸法，至今运用该方法获取的淡化水量所占比重仍然很大；20 世纪中后期，逐渐又发展起电渗析法、反渗透法和低温多效蒸发法等多种有效的海水淡化方法。随着海水淡化技术的不断更新，海水淡化效率也在不断提高。目前，我国已建成海水淡化工程 121 个，日产淡水能力总计约为 1008825 吨。从图 4－7 中可以看出，21 世纪以来，我国海水淡化工程产水规模呈逐年增加趋势。在经略海洋阶段，国家加大了在海水资源开发利用方面的资金和技术投入，海洋资源的可持续利用成为国家发展的重要理念。据统计，仅 2015 年全国范围内增加的海水淡化工程就有 7 个，海水淡化工程日产水规模约增加 66620 吨。

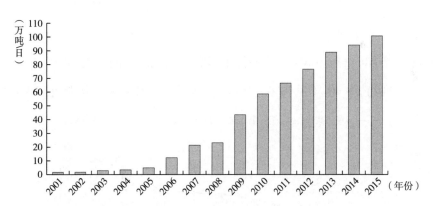

图 4－7　2001～2015 年中国海水淡化工程规模增长情况

资料来源：国家海洋局《2015 年全国海水利用报告》，2015。

海水冷却主要包含海水直流冷却和海水循环冷却，其中以海水直流冷却最为普遍。在经略海洋阶段，全国海水冷却工程年度海水利用量大幅提高，海水冷却技术广泛应用于沿海火电、核电、石化等行业。2012 年，全国冷却工程海水利用量尚不及 900 亿吨，而 2015 年这一数值已超过 1100 亿吨，创历史新高，其中 2015 年新增海水用量高达 116.66 亿吨（见图 4 - 8）。

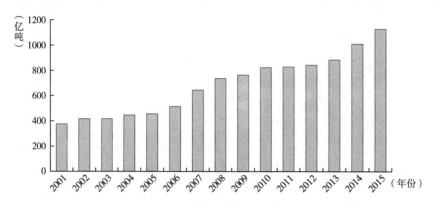

图 4 - 8　2001～2015 年中国海水冷却工程年海水利用量增长情况

资料来源：国家海洋局《2015 年全国海水利用报告》，2015。

随着海水资源利用规模的扩大，国家对海水利用的管理日趋规范化、标准化。近年来，国家发布实施的海水利用相关标准数量逐年增加，截至 2015 年共计有 102 项，其中国家标准有 23 项，行业标准有 79 项（见图 4 - 9）。据了解，2015 年新增标准 13 项，

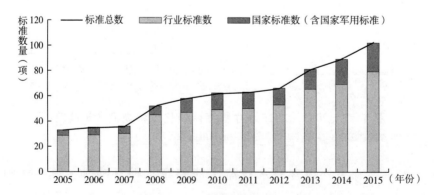

图 4 - 9　2005～2015 年中国海水利用标准增长情况

资料来源：国家海洋局《2015 年全国海水利用报告》，2015。

其中国家标准增加了 3 项，行业标准增加了 10 项。同年 8 月，全国海洋标准化技术委员会海水淡化及综合利用分技术委员会正式成立，这标志着我国海水资源利用审查工作正式启动。这也充分说明在经略海洋阶段，国家对海水资源的管理规范制度逐渐重视，有助于使可再生的海洋资源真正能够持续地被人类利用下去。

二　海洋资源可持续利用

当前，我国海洋资源的开发利用方式正处于转型期，即逐渐由原先粗放式的开发利用方式向集约型开发利用方式转变。虽然在这一转型过程中我们付出了巨大努力，取得了一些成就，但仍有许多问题阻碍我们实现海洋资源可持续利用的目标。

我国海洋资源的开发和利用正朝着绿色、科学、立体的方向发展。绿色开发海洋资源是指基于海洋的生态环境容量和资源承载力，转变传统的粗放式资源开发利用方式，提高资源利用率。科学利用海洋资源是指正确处理资源与环境的关系，促进海洋资源科学技术的开发应用，实现资源合理有效配置。立体开发海洋资源是指充分利用海洋资源多层次性的特点，统筹兼顾海洋底层、中层、表层的各类资源，实现资源利用价值的最大化。[①]

另外，我国近海海域污染状况严重，多项海洋资源的质量因污染问题而进一步下降，局部区域的海洋环境承载力已达到极限，走向远海和深海成为国家资源战略的必然选择。远洋生物资源、深海油气资源及矿产资源因储量大、质量高吸引着人们不断向更

[①]　郑苗壮、刘岩、李明杰等：《我国海洋资源开发利用现状及趋势》，《海洋开发与管理》2013 年第 12 期，第 15 页。

深远的海洋探索，而强大的海洋科技是我们向远海和深海要资源的技术前提和重要保证。另外，国家对海洋可再生能源技术的资金投入和各类优惠政策，能够确保海洋可再生能源的永续利用，尽快成为我国传统能源供应的重要补充。这也是未来国家实现海洋可再生能源开发规模化、市场化、产业化发展的初步试探。

虽然我国海洋资源的开发利用以可持续发展为目标，但是在当前资源利用转型阶段，我国海洋资源管理的相关工作仍有显著不足。新中国成立以来，我国的海洋立法工作取得了非凡的成绩，一系列海洋法律法规相继得以制定、修订、实施，特别是海洋专项法规的制定使得我国海洋管理更加具体化。但在海洋资源执法过程中所暴露出来的各执法部门之间的管理冲突表明，我国海洋资源立法工作的系统性程度不够。

由于不同的政策法规在其制定背景和执法的目标对象上具有差异性，各执法部门的职责权限易出现交叉现象，从而造成多个部门共同负责、工作协调难度大的问题。目前，我国针对海洋资源可持续利用的专门法主要有两部：《中华人民共和国海域使用管理法》和《中华人民共和国渔业法》，二者分别旨在保护海洋各功能区的资源和海洋渔业资源。同时，《中华人民共和国环境保护法》《中华人民共和国矿产资源法》《中华人民共和国土地管理法》等法律中也有海洋资源保护的相关条例。虽然对海洋资源的保护原则是一以贯之的，但管理部门之间存在的层级交叉现象极易使各部门以局部利益为主，当资源开发与法律法规发生矛盾时往往牺牲法律规定来服从资源开发以获取更大利益。如此一来，海洋资源管理部门的职能便无法有效发挥，海洋资源保护工作也不能高效开展，从而造成海洋资源无序开发、管理失控的局面。

第三节　中国海洋环境养护与海洋资源
利用现状与目标之间的差距

2015年，联合国发展峰会正式通过了《2030年可持续发展议程》，该议程是为人类、地球和繁荣制订的行动计划，旨在实现全球社会的可持续发展。其第14项目标，即计划在2030年之前实现"保护和可持续利用海洋和海洋资源以促进可持续发展"，针对当前全球海洋环境恶化和海洋资源过度开发的现状提出了未来发展的要求。

实现全球海洋和海洋资源的可持续发展需要世界各国的合作与努力。作为一个负责任的大国，我国在海洋环境养护和海洋资源利用方面做出了巨大努力，正积极促进海洋产业转型升级。但是在当前情况下，我国海洋及海洋资源可持续发展状况与目标相比还有一定差距，这也为未来我们的工作指明了方向。

一　海洋污染治理与生态环境保护方面的差距

在海洋环境污染和生态环境保护方面，《2030年可持续发展议程》主要提及了下述几个目标：首先，减少各类海洋污染，特别是陆源污染；其次，保护海洋和沿海生态系统，增强海洋生态系统的复原能力；再次，通过加强全球合作减少海洋酸化的影响；最后，通过海洋法治建设的推进为治理海洋污染和养护海洋生态环境提供制度保障。

首先，对于减少各类海洋污染，《2030年可持续发展议程》确定的具体目标（目标14.1）为："到2025年，预防和大幅减少各类海洋污染，特别是陆上活动造成的污染，包括海洋废弃物污染和营养盐污染。"

当前，我国各类海洋污染总量总体呈扩大趋势，但污染速度放缓，监测控制能力增强。改革开放以来，我国海洋污染规模曾一度飙升，特别是陆源污染物大量入海造成近海海域生态环境恶化，给社会发展造成巨大阻力。十八大以来，国家把生态文明建设放到重要位置，提出全面建成小康社会"五位一体"的总体布局，海洋环境治理和生态环境修复工作在此期间成效卓著。国家海洋局发布的《中国海洋环境状况公报》显示，2014 年夏季我国海域海水水质状况较 2013 年有明显好转的趋势。其中，渤海、黄海、南海海域劣于第四类海水水质标准的海域面积分别减少了2740、530 和 3440 平方千米。同时，2014 年我国海域海水富营养化状况显著改善。与 2013 年相比，2014 年我国海水重度和中度富营养化面积分别减少了 4070 和 810 平方千米，轻度富营养化面积增加了 6420 平方千米。这一系列数据都证明我国陆源污染控制工作取得了较大进展。

其次，对于保护海洋和沿海生态系统，《2030 年可持续发展议程》确定的具体目标（目标 14.2）为："到 2020 年，通过加强抵御灾害能力等方式，可持续管理和保护海洋和沿海生态系统，以免产生重大负面影响，并采取行动帮助它们恢复原状，使海洋保持健康，物产丰富。"

我国海洋生态系统的复原能力尚处于初步恢复阶段，仍有待继续提高。当前，海洋生态系统的破坏程度虽已得到控制，但其恢复需要时间较长。海洋生物种数是海洋生态系统健康状况的晴雨表，当海洋生态系统朝着健康方向发展时，海洋生物种类数目则会增加；反之，种类数目就会减少。《中国海洋环境状况公报》显示，2014 年我国海洋生物多样性状况良好，特别是大型底栖生物种数较 2013 年增加了 137 种。与 2013 年相比，2014 年我国海洋生态系统健康状况基本稳定在健康和亚健康状态，不健康状态没有增加。我们应珍惜生态文明建设的阶段性成果，继续深化、细化海洋生态系统的保护工作，渐进式分阶段地达到可持续发展的目标要求。

再次，对于减少海洋酸化的影响，《2030 年可持续发展议程》确定的具体目标（目标 14.3）是："通过在各层级加强科学合作等方式，减少和应对海洋酸化的影响。"

海洋酸化是指海洋水体因吸收大量大气中的酸性气体（以二氧化碳为主）而使自身 pH 下降的过程。据统计，自工业革命以来，全球海水 pH 平均下降了 0.1。海水酸性增加，海水化学环境的稳定性受到巨大威胁，进一步影响了海洋生态系统的健康发展。过量的二氧化碳排放使得海水酸化速度加快，全球气温升高，进而对珊瑚礁的生长有着毁灭性的影响。因此，控制海水酸化的前提是控制酸性气体（特别是二氧化碳）的排放量。由于海水和大气的流动性特征，海水酸化的防治工作需要国际社会共同努力。

当前中国经济正处于工业化加速推进阶段，因此对能源的需求和二氧化碳排放总量不可避免地会继续增加。但我们可以在可行范围内尽量降低碳排量的增长速度，为此，我国在减排方面向国际社会做出主动承诺——到 2020 年，中国碳排放强度比 2005 年降低 40% ~ 45%。节能减排不仅仅是国际社会提出的环境保护要求，更是我国产业转型升级、增长方式转变的必然要求。但近年来我国经济结构中"高碳排放"行业所占比例居高不下，清洁能源消费比例过低，减排工作阻力巨大。这必将敦促我国政府调整产业政策和能源发展战略，实现以科技促环境保护的绿色发展目标。

最后，对于海洋法治建设，《2030 年可持续发展议程》确定的具体目标（目标 14.5 和目标 14.c）分别为："到 2020 年，根据国内和国际法，并基于现有的最佳科学资料，保护至少 10% 的沿海和海洋区域"和"按照《我们希望的未来》第 158 段所述，根据《联合国海洋法公约》所规定的保护和可持续利用海洋及其资源的国际法律框架，加强海洋和海洋资源的保护和可持续利用"。

海洋法治建设是规范世界海洋秩序，养护海洋生态环境，实现海洋资源可持续利用的重要制度保障。自 1994 年《联合国海洋法公约》生效以来，我国海洋事业的发展严格执行国际海洋法律要求，遵守国际海洋法律秩序。遵循《联合国海洋法公约》宗旨，结合国情，我国制定和修订了多部海洋相关法律。2012 年，国务院正式批准了《全国海洋功能区划（2011～2020 年）》（下文简称《区划》）。作为我国合理开发利用海洋资源、有效养护海洋生态环境的法定依据，《区划》确定了包括农渔业区、港口航运区等在内的八大类海洋基本功能区，并提出到 2020 年海洋保护区总面积达到我国管辖海域面积的 5% 以上。针对污染状况特别严峻的近岸海域，这一比例要求进一步提高到 11%。《区划》中所确定的 2020 年我国海域环境保护目标与《2030 年可持续发展议程》中目标 14.5 的要求具有一致性，并在此基础上根据我国国情和特殊地理环境进一步将目标细化和完善。另外，作为我国海洋环境保护的专门法，《中华人民共和国海洋环境保护法》于 2016 年得到进一步修订，修订后的该法对海岸工程建设、海洋石油勘探与开发等海洋活动的环境保护标准做了进一步提升，以督促各生产单位配合实现海洋环境的保护目标，共同营造健康良好的海洋生态环境。

成法容易执法难。在未来海洋资源环境执法方面，我国一方面应当积极配合国际社会，严格贯彻落实海洋法律规范，另一方面必须深化改革，促进海洋经济转型，这是《2030 年可持续发展议程》目标实现的根本途径。在上述目标中，我国已经做到的方面需要继续保持，尚未达到目标要求的方面我们应尽最大努力，携手全球各国共同实现。

二　海洋资源可持续利用方面的差距

在海洋资源利用方面，《2030 年可持续发展议程》主要对海洋渔业资源的可持续利用做出了要求，同时鼓励小岛屿发展中国家和最不发达国家合理地利用海洋资源获得经济发展，这体现了国际社会对欠发达国家和地区的人道主义关怀。

第一，对于有效管制捕捞活动，《2030 年可持续发展议程》确定的具体目标（目标 14.4）为："到 2020 年，有效规范捕捞活动，终止过度捕捞、非法、未报告和无管制的捕捞活动以及破坏性捕捞做法，执行科学的管理计划，以便在尽可能短的时间内使鱼群量至少恢复到其生态特征允许的能产生最高可持续产量的水平。"

长期以来，我国庞大的人口数量和市场需求导致渔业资源一直存在过度捕捞现象。2012 年的统计数据显示，我国海洋渔船总数多达 31.61 万艘，是世界上渔船最多的国家之一。自 20 世纪 80 年代开始，我国近海渔业资源捕捞过度现象日益严峻，发展远洋捕捞业已成为满足国内水产需求的必要手段。为规范渔业市场秩序，1986 年我国颁布了《中华人民共和国渔业法》，以实现渔业资源的可持续开发利用。为进一步促进渔业资源的合理利用，控制捕捞强度，2002 年农业部颁发《渔业捕捞许可管理规定》，在作业场所、工具指标、捕捞管理、签发制度等方面做出了详细规定，该规定后经多次修订，管理效果良好。

近年来我国大大缩减了渔业捕捞许可证的颁发数量，以期通过控制捕捞量来实现渔业可持续发展的目的。但政策执行难度较大，无证捕捞的"黑船"屡见不鲜，捕捞管理工作举步维艰。目前，我国远洋捕捞船只在西非海域和亚洲海域的捕捞量最大，严重威胁了当地渔业生态的健康发展。未来，我国对海洋捕捞业如何管理，如何满足国际社会对海洋生态资源的发展要求将是下一步工作需要重点解决的难题。

第二，对于优化渔业补贴政策，《2030 年可持续发展议程》确定的具体目标（目标 14.6）为："到 2020 年，禁止某些助长过剩产能和过度捕捞的渔业补贴，取消助长非法、未报告和无管制捕捞活动的补贴，避免出台新的这类补贴，同时承认给予发展中国家和最不发达国家合理、有效的特殊和差别待遇应是世界贸易组织渔业补贴谈判的一个不可或缺的组成部分。"

渔业补贴政策直接影响渔业资源利用和渔业产业发展。国际社会已经认识到渔业补贴政策对海洋渔业资源利用巨大的指导作用，逐渐禁止各类不合理的渔业补贴。我国渔业补贴涉及的领域主要包括：生产销售领域、生态控制领域、风险保障领域、公共服务领域。与目标相比，当前我国渔业补贴中对渔业科研、品种改良、卫生防疫、海洋环境养护、个体渔民生活等方面的补贴过低，这既不利于渔业产业的发展，也不利于渔业资源的养护。

　　第三，对于关怀小户个体渔民，《2030 年可持续发展议程》确定的具体目标（目标 14.b）为："向小规模个体渔民提供获取海洋资源和市场准入机会。"

　　改革开放以来，我国施行社会主义市场经济体制，市场氛围相对宽松，允许并鼓励小户个体渔民获取海洋资源并进入海洋市场参与竞争。海洋渔业得到了快速发展，市场结构不断优化，海产品产量日益增长，渔民收入显著增加，这有力地推进了我国经济社会发展。符合《2030 年可持续发展议程》中 14.b 的目标要求。

　　第四，对于关注小岛屿发展中国家和最不发达国家，《2030 年可持续发展议程》确定的具体目标（目标 14.7）为："到 2030 年，增加小岛屿发展中国家和最不发达国家通过可持续利用海洋资源获得的经济收益，包括可持续地管理渔业、水产养殖业和旅游业。"

　　当前，我国在推进渔业资源的可持续利用方面，工作重点主要基于国内状况，而向小岛屿发展中国家和最不发达国家提供的帮助相对较少。虽然我国海水养殖总产量位居世界前列，海洋生物技术的发展日新月异，但在可持续地管理渔业和水产养殖业方面，我们一直追求缩小与发达国家之间的差距，而忽视了对欠发达国家的帮助。在海洋旅游业方面，尽管我国与多个小岛屿发展中国家建立了旅游合作关系，但这种关系多是基于商业开发目的，对当地海洋旅游环境本身构成巨大威胁，不利于海洋旅游资源的可持续利用。因此，在未来海洋资源可持续利用的国际合作中，我们不仅要更加重视在海洋物资、海洋技术等方面向小岛屿发展中国家和欠发达国家提供帮助，而且要更加重视对当地海洋资源环境的保护，使经济收益的增加以海洋资源环境的可持续发展为前提。

第五，对于发展海洋科技，《2030 年可持续发展议程》确定的具体目标（目标14.a）为："根据政府间海洋学委员会《海洋技术转让标准和准则》，增加科学知识，培养研究能力和转让海洋技术，以便改善海洋的健康，增加海洋生物多样性对发展中国家，特别是小岛屿发展中国家和最不发达国家发展的贡献。"

政府对海洋经济可持续发展的政策引导是前提，而海洋科技进步则是落实海洋经济可持续发展政策的有力保障。改革开放以来，我国经历了探索海洋、走向海洋、经略海洋的阶段性发展，海洋科技政策的发展也体现出三阶段性特征，可将其分为海洋科技政策启动阶段、海洋科技政策建设阶段、海洋科技政策全面部署推动创新阶段。目前，我国海洋科技政策弹性逐渐增大、覆盖面更加广泛、统筹力度进一步增强。海洋科技政策的积极引导促进了我国海洋科学技术的突破性发展，在经略海洋阶段，依靠创新科技提高海洋资源利用效率、减少资源浪费已取得明显成效。未来，我们要继续加强国际海洋科技的交流，积极扶助欠发达地区提高海洋科技水平，改善海洋健康状况，以实现《2030 年可持续发展》目标14.a 的要求。

第五章　国际上的一些典型做法

《21 世纪议程》指出海洋"是全球生命支持系统的一个基本组成部分，也是一种有助于实现可持续发展的宝贵财富"。[①] 世界各国各地区的发展都与海洋息息相关，为此许多国家和地区都非常重视海洋，有些国家还将海洋的发展提升到国家战略层面，通过制定国家或地区的海洋战略和政策来明确自身海洋事业的发展方向，实现海洋生态环境的养护和海洋资源的可持续利用。由于地理、政治、经济、历史、社会和文化等各方面的差异，不同国家和地区制定了各有特色的海洋战略、政策法规和行动计划。

美国和中国都是海陆兼备的国家，在拥有广袤陆地的同时还拥有浩渺的海洋。这种自然地理条件的特性既为养护海洋环境、实现海洋资源可持续利用带来了极大的机遇，也带来了不小的挑战。目前，美国是世界范围内在养护海洋环境、可持续利用海洋资源方面表现得最好的国家之一。因此，剖析美国海洋环境养护和海洋资源可持续利用的模式，学习其成功经验是十分必要的。

欧盟是当今世界一体化程度最高的区域组织，以欧盟为主体

---

① 《21 世纪议程》，联合国官网，http://www.un.org，最后访问日期为 2016 年 11 月 20 日。

实行的海洋环境养护和海洋资源可持续利用模式是一种成功的区域模式。在欧盟框架下，各成员国通过协商构建了完善的制度体系，成功地发挥了"1＋1＞2"的合作效应，为其他区域的海洋环境养护和海洋资源可持续利用提供了一种思路。

韩国是中国一衣带水的邻邦，两国的海洋环境有其相似性。同时，中国与韩国两国政府在养护海洋环境和可持续利用海洋资源方面几乎同时起步，韩国政府于20世纪末制定了21世纪海洋发展战略，而中国则在21世纪初在国家层面上正式确认了海洋在国家发展、民族复兴过程中的重要作用。目前，韩国为海洋环境的养护和海洋资源的可持续利用建立了较为完善的法律体系，但是由于与此相匹配的行政体系的不稳定性，在取得一些瞩目的成果的同时经常出现"开倒车"现象。同时，韩国在可持续利用海洋资源方面过度依赖海运业，极为发达的海运业与其他海洋产业对比十分鲜明，因此当近年来海运业进入"寒冬"时，韩国在养护海洋环境和可持续利用海洋资源方面就表现出群龙无首的失序状态。更值得注意的是，在国际海运业中取韩国而代之，坐上霸主宝座的正是中国。因此，中国需要吸取韩国在养护海洋环境和可持续利用海洋资源上的经验和教训。

第一节　美国

一　基本情况介绍

美国地处西半球，由华盛顿哥伦比亚特区、50个州和关岛、波多黎各及北马里亚纳群岛等众多海外领土组成，主体部分位于北美洲南部，国土陆地面积约为 916 万平方千米，海洋专属经济区面积约为 1135 万平方千米，是世界上海洋专属经济区面积最大的国家。美国本土三面环海，东临大西洋，西接太平洋，南面墨西哥湾；阿拉斯加州位于北美洲西北部，与俄罗斯的远东地区隔着白令海峡遥遥相望，夏威夷州孤悬于太平洋中部；另外美国还有 2 万多个岛屿，海岸线全长约为 2 万千米。

美国的海岸以沙质海岸为主，东海岸南部及德克萨斯州海岸以沿岸沙岛、潟湖为主；东海岸北部则是峡湾型海岸，港口条件优良，有著名的纽约港、萨凡纳港和迈阿密港等；太平洋沿岸主要是基岩海岸，有西雅图港、洛杉矶港和长滩港等著名港口；墨西哥湾北岸则主要是由密西西比河冲积形成的三角洲和平原海岸。

由于具有优越的地理位置，美国海洋资源的种类和数目都十分丰富，海洋生态环境也十分多样化。美国海域蕴藏着丰富的矿产资源，根据 20 世纪 80 年代的相关数据估算，仅近海油气开采区域的石油储量就约有 180 亿桶，天然气储量约为 2 万立方米；海洋油气产业年产值达 220 亿~260 亿美元。[①] 特别是在墨西哥湾和大西洋凹陷带中蕴藏着极其丰富的石油、天然气、褐煤和钾、硫、磷等矿产资源。

美国是当今世界的超级大国，自 20 世纪以来经济水平一直位于世界前列，并且基本保持增长态势。世界银行的统计数据显示，2015 年，美国以 17.9 万亿美元登顶世界 GDP 排行榜，其 GDP 占世界 GDP 总值的 24%。同时，美国也保持着较高的人均 GDP，2014 年，其人均 GDP 达到 5.46 万美元，排名世界第 9 位。[②] 近一

---

① 殷克东、方胜民：《海洋强国指标体系》，经济科学出版社，2008。

② 相关数据来自世界银行数据库（http://data.worldbank.org.cn），查询指标为"国民经济核算"，最后访问日期为 2016 年 11 月 20 日。

个世纪以来社会经济的飞速发展，为美国实现海洋环境养护和海洋资源可持续利用打下了坚实的物质基础。

美国海军是当今世界规模最大、装备最先进、总体实力最强的海军部队，下设 7 个舰队，由约 50 万名现役和预备役军人组成。美海军是唯一一支真正意义上的全球部署部队，有在任何时候向世界任何地方投送兵力的能力。强大的海军实力为美国打造安全的海洋环境提供了保障，推动了美国在世界范围内实现海洋资源的调配和可持续利用，扩大了美国在全球海洋发展事务中的影响力。

二　典型做法

美国是一个非常重视海洋的国家，尽管在不同的历史时期对海洋有着不同的定位，但是早在 18 世纪建国后不久，海洋就成为其国家发展的重要组成部分。在 19 世纪，美国海军上校马汉（Alfred Thayer Mahan）提出了海权论，认为在未来，国家强盛、经济繁荣的关键在于能够控制海权。这一思想对美国当时的海军建设影响甚深，并直接推动了 1890 年《海军法案》的出台。而在两次世界大战后，美国不仅在经济上成为世界首屈一指的大国，而且成为海上实力最强大的国家。在 20 世纪中期以前，美国对海洋的定位更偏重于军事。自 20 世纪 50 年代开始，美国对海洋的认知和定位发生了改变，率先认识到海洋是为社会发展提供资源的财富宝库。1969 年颁布的《我们的国家与海洋：国家行动计划》（*Our Nation and the Sea: A Plan for Nation Action*）首次在国家战略层面肯定了海洋资源对社会经济发展的贡献和作用，肯定了养护海洋环境的必要性。

美国特别关注国际海洋秩序的建立和维持，坚持国家利益第一的原则。早在 1945 年，美国总统杜鲁门就发表了《美国关于大陆架底土和海床自然资源政策宣言》（*Policy of the United States with Respect to the Natural Resources of the Subsoil and Sea Bed of the Continental Shelf*），宣布美国拥有水深 200 米以内的大陆架底土和海床的自然资源的管辖权和控制权，第一次对领海之外的大陆架及其自然资源提出权利主张，开创了单方面谋求本国海洋利益最大化的先例。1961 年，美国率先启动海洋的现代化开发进程，总统肯尼迪提出，为了生存，美国必须把海洋作为开拓地。《我们的国家与海洋：国家行动计划》这一国家级海洋战略明确表示美国应该在国际海洋问题上发挥领导作用。

一直以来，美国都以特别积极的姿态参与国际海洋法律法规的制定，并试图影响国际海洋秩序，实现本国利益最大化。尽管美国积极地参与了各届联合国海洋法会议，并且推动了《联合国海洋法公约》的最终出台，但至今为止美国仍然没有加入《联合国海洋法公约》，主要原因是美国认为该公约的某些具体规定与美国所秉持的自由竞争原则不符以及签署该公约有损本国的相关利益。

1970 年，美国成立了隶属于商务部的国家海洋和大气管理局（National Oceanic and Atmospheric Administration，NOAA），该机构负责主管海洋事务，维护和管理海洋和沿海资源。根据 2000 年出台的《2000 年海洋法案》（*Ocean Act of 2000*），美国于 2011 年成立了美国海洋政策委员会，其主要工作是研究海洋政策，并在此基础上为政府提供建议。该委员会于 2004 年提出了《21 世纪海洋蓝图》，从五个方面对美国的海洋管理提出了建议和指导，包括海洋政策的基本指导原则，加强海洋事务协调与管理，提高科学工作为决策提供的服务水平，强化涉海教育、提高公众海洋意识和应对海洋管理领域的挑战。这是美国首次在国家战略层面上提出海洋资源的可持续利用原则，这一原则认为美国政府应为全体美国公民的长远福利而管理海洋资源并协调不同资源的利用，对各种海洋活动进行管理，同时还要养护海洋和保护沿海环境的完整性。此外，《21 世纪海洋蓝图》还明确了美国政府必须保护和恢复沿海生境、防止船舶污染、减少海洋垃圾、发展可持续渔业等一系列具体应对措施。为了更好地落实《21 世纪海洋蓝图》，美国政府于 2004 年 9 月后发布了《美国海洋行动计划》（*U. S. Ocean Action Plan*），并按照该行动计划成立了内阁级别的海洋政策委员会。《21 世纪海洋蓝图》和《美国海洋行动计划》是美国海洋政策走向完善的里程碑式文件，实现了美国海洋政策的转型。

奥巴马在上台后不久就宣布成立政府部门间海洋政策特别工作组，由其专门研究美国海洋政策和海洋管理。根据该特别工作组提交的《海洋、海岸和大湖区管理》报告，奥巴马发布行政令批准将该特别工作组提出的《关于加强美国海洋工作的最终建议》作为美国管理海洋、海岸和大湖区的国家政策。2010 年出台的《关于管理海洋、海岸和大湖区域的国家政策》是美国有史以来第三个国家级的海洋政策，把基于生态系统的管理方法作为海洋生态环境养护和海洋资源可持续利用的基本原则，在海洋生态环境养护方面提出了保护、保持和恢复海洋、海岸与大湖区的生态健康与生物多样性的要求，并认为应该提高上述区域的生态系统和社会、经济发展的适应能力；在海洋资源可持续利用方面则要求必须在海洋、海岸和大湖区坚持可持续发展原则。该国家政策明确了应"确保海洋、海岸与大湖区的生态系统和资源的健康得到有效保护、保持与恢复，提高海洋与近海经济的可持续性，保护美国海洋遗产，支持对海洋进行可持续利用，推进适应性管理"①，同时还提出要"加深对气候变化和海洋酸化的认识与提高应对能力，并协调海洋工作与国家安全及外交政策之间的关系"②。根据该国家政策，美国政府调整了海洋政策委员会的结构，成立了国家海洋委员会，同时又配套成立了国家海洋委员会管理协调委员会和地区咨询委员会，完善了政策协调机制。2013 年，根据国家海洋委员会的提议，美国政府通过了《国家海洋政策实施计划》，旨在将国家海洋政策转化为切实的行动，从海洋经济、安全与安保、海岸和海洋适应能力和科学与信息四个方面出发，力图通过政府各部门与州、地方当局和其他利益相关者的共同努力，"保持一个健康、多产且适应能力强的海洋，以持续提供人类想要且所需的利益和资源"。

除了出台战略和政策规范指导海洋综合管理外，美国还在具体领域出台了相关战略和政策。

美国于 1972 年颁布的《海岸带管理法》（*Coastal Zone Management Act*）是世界上最早的海岸带管理法。该法第一次较为系统地提出了海洋和海岸带综合管理的概念和做法，在实践中，这些做法取得了较好的成效，因此被写进联合国的《21 世纪议程》，并被当作先进经验在全球范围进行推广。阿拉斯加石油泄漏事件直接推动了美国于 1990 年出台《石油污染法》（*Oil Pollution Act*）。为了保护海洋生物的多样性，实现海洋资源的可持续利用，美国于 1996 年颁布了《可持续渔业法》（*Sustainable Fisheries Act*）。这些

① 张锦涛：《世界大国海洋战略概览》，南京大学出版社，2015。
② 张锦涛：《世界大国海洋战略概览》，南京大学出版社，2015。

具体的政策、法律使得海洋生态环境养护和海洋资源可持续利用得到了政策的引导和法律的保护。美国也十分重视海洋安全问题。2005 年，由国防部和国土安全部组织编制的《国家海洋安全战略》正式出台。该战略指出，美国的安稳和经济安全在很大程度上依赖世界对海洋的安全利用，海洋安全问题事关美国的国家利益。在 2007 年出台的《21 世纪海上力量合作战略》继续强调要把海上力量与国家其他力量与友好国家、盟国的力量整合在一起，以此保卫美国和世界的安全。

三 突出成就

1. 海洋捕捞

美国是个海洋捕捞大国，海洋渔区总面积达 762 万平方千米，全国水产品 90% 以上的产量来自海洋捕捞。美国国家海洋渔业局（NMFS）的 2015 年度报告显示，2015 年，美国 50 个州的海洋渔业捕捞量为 440 万吨，同比上升 2.4%，总产出为 5.2 亿美元，同比下降 4.5%。其中 88% 的渔获为鱼类，但是鱼类产生的价值只占总产出的 46%，其中阿拉斯加鳕鱼、太平洋鳕鱼和其他太平洋鱼类是主要的捕捞种类，其捕捞量占到捕捞总量的 33%。[①]

美国主要的海洋渔业捕捞区域有东北部海域、东南部海域、阿拉斯加海域、太平洋沿岸海域、西太平洋海域五个海域。其中，阿拉斯加海域是海洋渔业捕捞产量最高的海域，其海洋捕捞年产量占美国海洋捕捞年度总产量的一半以上，阿拉斯加州也因此被

---

① National Oceanic and Atmospheric Administration（NOAA），"Fisheries of the United States 2015," 2015.

称为美国渔业第一州。阿拉斯加盛产大马哈鱼、底栖鱼、太平洋
鳙鲽、贝类和其他鲜鱼，其中约有超过90%在太平洋捕获的三文
鱼都产自阿拉斯加海域。同时，位于阿拉斯加沿海的鳕鱼渔场也
是美国最大的鳕鱼渔场。

　　"二战"后，由于世界范围内海洋捕捞量的剧增，美国的许多
鱼类资源急剧减少。针对这种情况，美国国会于1976年通过了
《渔业保护与管理条例》，建立了一个渔业保护区，禁止他国渔船
在此进行捕捞作业。此后，美国又逐渐认识到海洋渔业的重要性
和巨大潜力，于1996年颁布了可持续渔业的相关条例，并且在接
下来的时间里根据每年的捕捞状况和渔业资源状况对其做出相应
的调整。2007年，美国国会又通过规定年度捕捞限额（ACL）来
防止过度捕捞；截至2015年底，美国的年捕捞额度始终被成功地
控制在ACL标准的89%以下。通过实行渔业观察员计划，严格执
行限制捕捞政策和相关恢复计划，美国已经成功地使墨西哥湾的
大耳马鲛、大西洋箭鱼、太平洋沙丁鱼和太平洋沿岸的马苏大麻
哈鱼等多个海域的多种鱼类恢复到相应的生物限度，实现了海洋
渔业资源的可持续利用。

　　另外，在规范捕捞活动的同时，美国还对海洋生态环境进行
了养护，以达到保护主要鱼类栖息地的目的。美国国家海洋和大
气管理局通过鱼类种群可持续发展指数（Fish Stock Sustainability
Index，FSSI）来衡量海洋渔业资源状况，由图5-1可知，2015年
美国FSSI得分为758分，相比于2000年上升了98%，说明美国海
洋渔业资源的可持续管理效果显著。

2. 海岸带综合管理

　　美国是世界上最先进行海岸带综合管理的国家，管理体制健

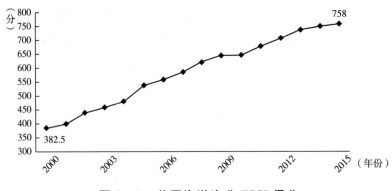

图 5 - 1 美国海洋渔业 FSSI 得分

注：FSSI 的最高得分为 1000。

资料来源：美国国家海洋和大气管理局《FSSI 得分》，http：//www.noaa.gov，最后访问日期为 2016 年 11 月 22 日。

全，管理机构职能高效，执法队伍统一。在 1972 年就已经通过了《海岸带管理法》，在 1973 年，美国国家海洋和大气管理局设立了全国海岸带办公室，相关事务管理散布于国务院、内政部和能源部等联邦政府的其他有关部门，同时在各州建立相关管理机构，在 21 世纪初就形成了覆盖范围高达 94% 的政府间海岸带管理有效网络。

美国的海岸带综合管理法制健全，以《海岸带管理法》为核心，还有《海洋保护、研究和自然保护区法》、《深水港法》和《渔业保护和管理法》等针对海洋生态环境养护和海洋资源可持续利用的一系列法律。这些法律在出台后还会被根据实际实施情况进行不断修改，以达到最佳效果。根据《海岸带管理法》，美国联邦政府和州政府之间以伙伴关系成立了国家海岸带管理项目，实现了联邦政府与州政府的目标一致性，从而可以依靠地方的力量实现海岸带管理目标。该法虽然并没有化解海洋生态环境养护和海洋资源可持续利用过程中的所有矛盾，但是在实施过程中减少了矛盾冲突，使各种活动有序进行，减少了不必要的损失。

尽管国家层面的海岸带综合管理主要有六个方面，分别是沿海管理、珊瑚礁管理、河口保护研究、兼管陆地、海洋保护区建设和非点源污染治理，但是由于美国拥有漫长的海岸线，海洋环境十分复杂多样，因此不同地区的海岸带综合管理有不同的管理目标、管理项目和管理主体。例如，在维尔京群岛国家公园地区，由海岸带管理委员会管理圣·托马斯岛、圣·约翰岛和圣·克罗里斯岛全岛，以及领海内 23.31 平方千米和环绕圣·约翰岛的 56% 的近岸水域，主要管理项目是重要的珊瑚礁、海洋生物和海洋景观。再例如，阿拉斯加州按照海洋资源的分布将全州的海岸带分为 32 个海岸带资源区，在农村型的海岸带资源区（如布里斯托湾海岸带资源区），强调保护以鱼类为主的海洋生物和它们的生存空间；在城市型的海岸带资源区（如诺姆海岸带资源区），强调监督管理海岸带和湿地的各项开发项目。

尽管美国的海岸带管理分散于联邦各部门，但海上执法集中在海岸警备队（United States Coast Guard，USCG），由于职能集中，机构统一，海岸警备队的执法效率较高。海岸警备队受联邦政府统一管理，是一支军民两用的海上安保执法队伍，对全美的海岸带进行分区管理，每个区域都配备了先进的警备设施，海岸警备队的主要任务有海上执法、海上保安救生、海洋环境保护和保卫国家安全。在海洋环境养护方面，海岸警备队主要承担了对海洋污染进行监测的日常任务，同时还肩负着一旦发现事故必须组织商业性的清除和事故调查，在必要时可以调动相关力量承担清污工作。

3. 海洋科技

美国能走在世界海洋生态环境养护和海洋资源可持续利用的

前列，主要得益于其高度发达的海洋科学技术水平。美国在 1966 年就开始实施《国家海洋赠款学院计划》（NSGCP），政府、学术界和商业界三方联手整合涉海高校与研究机构的科研资源，并向相关科研项目提供资金援助，旨在实现海洋资源的可持续利用、沿海社区生活水平的提高和国家经济的发展。该计划自实施以来，已经成为海洋工程、海洋渔业管理和海洋生物技术等领域的重要科研推动力量，同时还为美国培养了大批海洋科研人才。《21 世纪海洋蓝图》继续肯定了海洋科技的重要地位，认为"美国重视海洋科学技术，不仅需要大幅度增加经费，而且需要改进战略规划工作，加强部门间协调，发展技术与基础设施"，建议"制定国家海洋研究战略，增强并维护国家海洋基础设施，研究开发新技术，让试验技术尽快向业务应用方向转化"。[①] 2007 年，美国国家科学技术委员会海洋科技联合分委员会发布《规划美国未来十年海洋科学事业：海洋研究优先计划与实施战略》，从海洋预测、对基于生态系统的管理提供科学支持和海洋观测能力三个基本点，提出未来十年美国海洋科技发展要以自然和文化的海洋资源管理、提高自然灾害的恢复能力、实施海上作业、气候系统中海洋的作用、提高生态系统健康水平和提高人类的健康水平为主题，并具体提出了 20 项优先研究内容。

美国拥有众多世界一流的海洋科技研究机构，在海洋科学技术领域全球排名前 20 名的研究所和大学中，每三个机构或大学中就有一个在美国。这些研究机构的科研产出十分可观，平均每年

---

① 冯梁：《世界主要大国海洋经略：经验教训与历史启示》，南京大学出版社，2015。

有超过一半的海洋科学技术领域的发表文献来自美国。在 2016 年度 QS 世界大学海洋科学专业排名前 50 强中，美国的大学占有 23 个席位，其中哈佛大学、加利福尼亚伯克利大学、麻省理工学院、加州理工大学、斯坦福大学、哥伦比亚大学和华盛顿大学分列第 2～4 位和第 7～10 位。位于马萨诸塞州的伍兹霍尔海洋研究所（Woods Hole Oceanographic Institution）是目前世界上最大的私立非营利性海洋工程教育研究机构。自 1930 年成立以来，在短短不到一百年的时间里，伍兹霍尔海洋研究所成果斐然，是美国最重要的海洋科研机构，也是世界范围最顶尖的海洋科研机构之一。

四　存在的不足

虽然美国在海洋环境养护和海洋资源可持续发展方面建立了较为健全的制度体系，但是不同的法规对某些特定问题的规定口径不一致，甚至相互冲突，导致在法律执行过程中出现差错。并且，频繁地修改和增补部分法律法规损害到法律的稳定和权威，从而影响了其实施效果。

目前，美国联邦政府中的商务部、能源部和内政部等机构均可以管理相关海洋事务，但是部门之间权责并不明确，导致管理范围相互交叉，或者出现管理空白。同时，联邦政府和州政府之间也存在不小的管理矛盾，很多时候联邦政府出台的行动计划并不能得到以州政府为代表的地方政府的欢迎和支持，继而使得相关政策不能得到较好的执行，甚至不得不被中途叫停。

美国现有渔业资源衰竭的情况仍在继续，可供捕捞的渔获品种数在持续下降，渔获供给与持续上升的国内需求之间的缺口越来越大，使得美国不得不扩大海产品进口规模。海岸带综合管理取得了不错的效果，但是海岸带综合管理的覆盖范围并不均匀，早在 1988 年美国的领海就已经扩大到 12 海里，但是到目前为止美国的海岸带管理范围只为海边界 3 海里以内。美国走在了世界海洋生态环境养护和海洋资源可持续利用的前列，但仍然面临着严峻的挑战。

第二节　欧盟

一　基本情况介绍

欧洲联盟（European Union，EU），简称"欧盟"，现有 28 个成员国，分别是法国、德国、意大利、荷兰、比利时、卢森堡、丹麦、英国、爱尔兰、希腊、葡萄牙、西班牙、奥地利、瑞典、芬兰、马耳他、塞浦路斯、波兰、匈牙利、捷克、斯洛伐克、斯洛文尼亚、爱沙尼亚、拉脱维亚、立陶宛、罗马尼亚、保加利亚和克罗地亚，共有国土面积约 430 万平方千米。在这 28 个成员国中，有 23 个拥有海岸线，有 2/3 以上的边界是海洋边界，欧盟北至北海、波罗的海，西至大西洋，东南至地中海，并包含部分黑海海域，海岸线总长度约为 7 万千米。海洋是欧盟的重要组成部分，欧盟统计局相关资料显示，欧盟区内有 41% 的人口居住在海岸带地区，欧盟的海洋经济产值占到欧盟生产总值的 40%。

欧盟的雏形是于 1952 年成立的欧洲煤钢共同体（European Coal and Steel Community，ECSC）。1958 年，欧洲煤钢共同体的 6 个成员国成立了欧洲经济共同体（European Economic Community，EEC）与欧洲原子能共同体（Euratom）。1965 年，欧洲煤钢共同体、欧洲原子能共同体和欧洲经济共同体合并成为欧洲共同体，总部设在比利时的首都布鲁塞尔。1993 年 11 月 1 日，《马斯特里赫特条约》（*Treaty of Maastricht*）生效，欧洲联盟正式成立。此时的欧盟只有 6 个原始成员国，分别是法国、德国、意大利、荷兰、比利时和卢森堡。在此后的 20 多年间，欧盟不断扩张，截至 2013 年底，欧盟共有成员国 28 个，但是在 2016 年 6 月，英国通过公投成功"脱欧"（相关程序未走完）。

欧盟有 5 个主要机构，分别是欧洲理事会（The Council of the European Union）、欧洲议会（The European Parliament）、欧盟委员会（European Commission）、欧洲法院（The Court of Justice）和欧洲审计院（The Court of Auditors）。欧洲理事会又分为欧洲联盟理事会和欧洲理事会，是欧盟的决策机构，拥有欧盟的绝大部分立法权；欧洲议会是欧盟的监督、咨询机构，拥有部分预算决定权；欧盟委员会是欧盟的执行机构，负责处理欧盟的日常事务；欧洲法院是欧盟的仲裁机构，负责审理和裁决在执行相关条约和规定中发生的争执；欧盟审计院负责审计欧盟各机构的账目，管理欧盟财政。此外，欧盟还设有欧盟统计局（Eurostat）、欧洲经济和社会委员会（European Economic and Social Committee，ECS）、欧洲中央银行（European Central Bank，ECB）、欧洲投资银行（European Investment Bank，EIB）等一系列机构和组织。

欧盟是世界上经济最发达的地区之一，也是世界最大的经济实体之一。欧盟成立后，在经济一体化进程的推动下，欧盟地区的经济飞速增长。2015 年，欧盟 28 个成员国 GDP 总值达到 16.2 万亿美元，排名仅次于美国（约 17.9 万亿美元），占世界 GDP 总值的 22%。

人均 GDP 可以比较客观地反映社会的发展水平。2015 年，欧盟的人均 GDP 高达 3.49 万美元，处于世界前列，是名副其实的经济发达地区。同时，欧盟的人均 GDP 变化趋势与 GDP 总值变化一致（见图 5-2 和图 5-3），说明半个世纪以来欧盟的人口总数保持相对稳定。

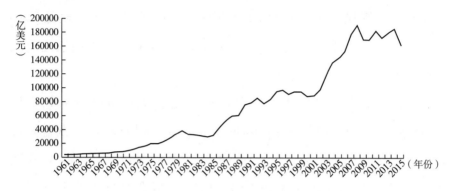

图 5-2　1961~2015 年欧盟 GDP（现价美元）

资料来源：欧盟统计局官网（http://ec.europa.eu/eurostat/data/database），查询指标为"国民经济核算"，最后访问日期为 2016 年 11 月 22 日。

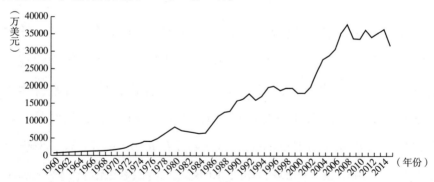

图 5-3　1961~2015 年欧盟人均 GDP（现价美元）

资料来源：欧盟统计局官网（http://ec.europa.eu/eurostat/data/database），查询指标为"国民经济核算"，最后访问日期为 2016 年 11 月 22 日。

二　典型做法

早在 20 世纪 70 年代，欧洲经济共同体及其成员国就共同参加了第三次联合国海洋法会议，而欧洲经济共同体则是当时参与谈判的唯一相关国际组织。1982 年 12 月，《联合国海洋法公约》正式开放签字，欧洲共同体于 1984 年签署了该公约，并在 1998 年的欧盟理事会上通过了《关于欧洲共同体缔结的〈1982 年联合国海洋法公约〉和〈1994 年海洋法公约第十一部分执行协定〉的决定》，正式成为《联合国海洋法公约》的第一个也是到目前为止唯一一个国际组织缔约方。《联合国海洋法公约》附件九"国际组织的参加"因此被称为"欧洲经济共同体参加条款"（EEC Participation Clauses）。欧盟通过加入《联合国海洋法公约》和其他一系列国际条约获得了参与国际海洋事务的主体资格，为日后自身在全球范围内开展海洋环境养护和海洋资源的可持续利用铺平了道路。

21 世纪初，欧盟渔业及海事事务司司长乔·伯格（Joe Borg）就倡议为欧盟所有的海事活动制定一个整合的海事政策，2006 年，欧盟委员会正式通过《面向一个未来的欧盟海事政策：欧洲海洋愿景》绿皮书（也被称为"Borg 文件"）。该绿皮书指出欧盟要以一种可持续的、保护环境的方式发展欣欣向荣的海事经济，强调只有在充分尊重海洋的前提下才能继续享受海洋给予人类的利益，希望欧洲人民能重新认识海洋传统、海洋在生活中的重要意义和海洋具有的巨大潜力。该绿皮书是一份愿景式的文件，只提出了相关问题，并没有提出解决问题的具体办法，但仍然为《海洋综合政策蓝皮书》的出台打下了基础。

欧盟在 2007 年 10 月正式公布了首部"海洋蓝皮书"——《海洋综合政策蓝皮书》（*Blue Book for an EU Maritime Policy*）。该蓝皮书是与 1992 年联合国环境与发展大会通过的《21 世纪议程》一脉相承的，并结合了《欧盟 2005 年至 2009 年战略》"需要制定综合性海洋政策，在保护海洋环境的同时使欧盟海洋经济持续发展"的相关要求。此蓝皮书全面阐述了欧盟关于海洋环境养护和海洋资源可持续利用的设想和规划。指出"海洋是欧盟的命脉，欧盟海域及其沿海地区是欧盟经济的中枢"。① 并认为要运用综合方法来管理海洋，鼓励成员国之间建立海洋政策决策协调机制；通过建立欧盟海洋巡航监视网络、出台海洋空间规划、完善海岸带综合管理和搜集海洋资料与信息提高海洋综合决策能力。同时还确定了五大优先行动领域，具体包括：最大限度地可持续利用海洋、为海洋决策奠定知识与创新基础、为沿海地区创建高质量的生活环境、提高欧盟在国际海洋事务中的领导地位和提高"海洋欧洲"的存在感。

2008 年，欧盟颁布了《欧盟海洋战略框架指令》（*EU Marine Strategy Framework Directive*），这是欧盟第一部以保护海洋生物多样性为目的的法规。该指令指出，海洋环境作为宝贵的遗产需要被养护，并将"维持生物多样性并建成清洁、健康、多产的多样化、动态化海洋"设定为终极目标。② 该指令根据目标提出了三项基本措施：第一，保护经济和社会发展所依赖的海洋资源；第二，基于生态系统的方法有效管理海洋资源利用活动；第三，各成员国共同参与、共同管理。尽管欧盟各成员国之间已经签订了多项区域海洋公约，如适用于北海海域的《奥斯陆－巴黎公约》、适用于波罗的海海域的《赫尔辛基公约》和适用于黑海海域的《布加勒斯特公约》等，但是该指令在欧盟的系列海洋政策中仍然占据核心位置，统一了之前由各成员国分散进行的海洋管理活动。该指令

---

① European Union（EU），*Blue Book for an EU Maritime Policy*（EU，2007）.

② European Union（EU），"Europe 2020：A Strategy for Smart Sustainable and Inclusive Growth，2010，"2010.

将是欧盟实施海洋综合管理的法律依据，根据该指令的要求，各成员国须在 2010 年 7 月 15 日之前将其转化为国内法规，这为欧盟区域的海洋管理构筑了具有法律约束力的统一框架。

2010 年 6 月，欧盟制定了第二个 10 年经济社会发展战略——"欧洲 2020 战略"（Europe 2020：A Strategy for Smart Sustainable and Inclusive Growth），该战略描绘了欧盟未来 10 年的发展蓝图，即实现智慧型、可持续和包容性增长。在海洋环境养护与海洋资源可持续利用方面，欧盟渔业及海洋事务委员会提出了《蓝色增长计划》（Blue Growth Plan）。"蓝色增长"被定义为"海洋带来的智慧型、可持续和包容性增长"。① 该计划对远海区海域、北极圈海域、北海海域、波罗的海海域、东北大西洋海域、地中海海域和黑海海域 7 个海域进行了详细的海洋资源可持续利用活动分析。根据《蓝色增长计划》，蓝色经济作为欧盟科研投资的重点项目之一，每年都会被投入大量资金。2013 年底，欧盟正式启动总预算为 703 亿欧元的"地平线 2020"（Horizon 2020）科研规划，仅 2014/2015 年度用于发展蓝色经济的预算就高达 1.45 亿欧元。② 在此基础上，2012 年 9 月，欧盟委员会发布了《蓝色增长：海洋及关联领域可持续增长的机遇》，这份报告正式提出了"蓝色增长"构想。2014 年，欧盟又提出了《蓝色经济创新计划》，从整合海洋数据、绘制欧洲海底地图，增强国际合作、促进科技成果转化和开展技能培训、提高从业人员技术水平三方面出发指明了欧洲未来发展的新

---

① 欧盟渔业及海洋事务委员会：《蓝色增长：大洋海洋和海岸带可持续发展的情景和驱动力》，海洋出版社，2014。

② 相关数据来自欧盟统计局官网（http://ec. europa. eu/eurostat/data/database），查询指标为"海洋事务"，最后访问日期为 2016 年 11 月 22 日。

方向。

2014 年，欧盟颁布了《欧盟海洋安全战略》（*EU Maritime Security Strategy*），表示欧盟的海洋安全利益包括"保护海洋资源，打击非法、无管制的捕捞活动，养护海洋生态环境，保护和可持续利用海洋生物多样性，避免未来的安全风险"。[①] 随后，在此框架下各成员国达成了一项旨在确保欧盟国家海域更安全、渔业生产更理性的协议。《欧盟海洋安全战略》作为欧盟安全战略体系中的组成部分，明确了欧盟是全球范围内实现海洋环境养护和海洋资源可持续利用的重要主体之一，为欧盟各成员国在海洋安全问题上谋求共同立场、实现共同管理建构了一个政策框架，指明了前进的方向。

三 突出成就

1. 海洋捕捞

从历史上看，海洋捕捞一直是欧盟主要的海洋经济产业之一。2004～2015 年，欧盟的年平均海洋渔业捕捞总量为 475 万吨，占世界海洋渔业捕捞总量的 6% 左右。[②] 尽管欧盟的海洋渔业捕捞一直保持着较高的产量，但是近年来海洋渔业捕捞总体趋势走低，相比之下，欧盟的水产养殖产出节节攀升。

欧盟主要的捕捞海域有西北大西洋海域、东北大西洋海域、东部大西洋海域和地中海海域四个区域。其中，东北大西洋海域的捕捞量在欧盟总捕捞量中的占比达到近 80%（见图 5 - 4），而位于欧洲北部的挪威海域由于有大西洋暖流和北极寒流的交汇，

---

① 欧盟：《欧盟海洋安全战略》，2014。

② 相关数据来自欧盟统计局官网（http：//ec. europa. eu/eurostat/data/database），查询指标为"海洋事务"，最后访问日期为 2016 年 11 月 22 日。

形成了渔业资源十分丰富的世界四大渔场之一的北海渔场，北海渔场盛产鲱鱼、鲭鱼和鳕鱼。2015年，挪威的海产品出口量仅次于中国，排名世界第二。

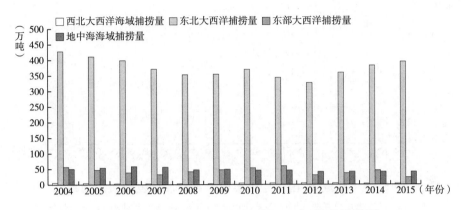

图 5 - 4　欧盟 28 国（包括英国）各海域捕捞量

<small>资料来源：欧盟统计局官网（http://ec.europa.eu/eurostat/data/database），查询指标为"海洋事务"，最后访问日期为 2016 年 11 月 22 日。</small>

伴随着多年来的高捕捞量，欧盟海域内多数渔业资源量呈现下滑状态，部分深海鱼种甚至濒临绝种，欧盟地区的海洋渔业捕捞队伍不断缩小，参与海洋渔业捕捞的船只数目总体不断下降。1995～2005 年，欧盟地区捕鱼船队发动机总功率下降了 11.33%。尽管近年来这一下降速度有所减缓，但 2006～2015 年，欧盟地区捕鱼船队发动机总功率仍下降 9.99%（见图 5 - 5）。[①] 海洋捕捞产业的持续萎缩、海洋渔业资源的持续下降引起了欧盟的高度关注。早在 1983 年，欧盟就通过了共同渔业政策，希望以此实现对海洋资源的可持续利用。该政策的主要内容是对成员国渔民在 12～200 海里欧盟海域中的平等捕捞活动实现配额制，同时该政策从限制

---

① 欧盟渔业及海洋事务委员会：《蓝色增长：大洋海洋和海岸带可持续发展的情景和驱动力》，海洋出版社，2014。

渔船和捕捞时间、限制捕捞数量、限制捕捞技术三个方面入手实现对捕捞活动的有效管制。

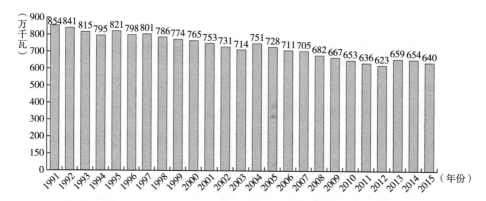

图 5-5 欧盟 28 国（包括英国）捕鱼船队发动机总功率

资料来源：欧盟统计局官网（http://ec.europa.eu/eurostat/data/database），查询指标为"海洋事务"，最后访问日期为 2016 年 11 月 22 日。

为了更好地落实共同渔业政策，欧盟于 2005 年成立了共同体渔业管理机构（Community Fisheries Control Agency，CFCA），以此解决各成员国在海洋渔业管理中遇到的问题。此外，欧盟于 2011 年提议建立欧洲海洋和渔业基金（European Maritime and Fisheries Fund，EMFF），目前预估该基金可以在 2014～2020 年为海洋和渔业事务提供 74 亿欧元资金。① 欧盟的共同渔业政策是目前为止全世界范围内较为完善的、系统性的海洋渔业管理体制。尽管在执行中达到的效果与目标存在一定差距，但它切实地保障了欧盟海洋资源在一定程度上的可持续利用。

值得关注的是，针对渔业补贴扭曲了海产品贸易，造成海洋渔业生产领域的持续性产能过剩，而这不利于海洋资源的可持续

---

① 孙琛、梁鸽峰：《欧盟的渔业共同政策及渔业补贴》，《世界农业》2016 年第 6 期，第 78～85 页。

利用等一系列问题，欧盟的共同渔业政策主要通过欧洲渔业基金会提供与捕捞活动相关的优惠措施。该政策通过为永久性停止捕鱼行为、因修复计划和紧急措施而暂时停止捕鱼活动的渔民提供资助来实现优化捕捞船队的目的；对水产养殖的相关活动提供资助，意在扶植水产养殖业，减轻捕捞活动的压力；为了改变渔业资源衰退的现状，把部分资金用于改善渔区社会经济条件以实现该海域的可持续发展。此外，该政策还执行了恢复计划（最长 24 个月）、紧急措施（最长 6 个月）、自然灾害救助（最长 6 个月）以及渔获量调整计划（最长 8 个月）等，并为受到这些举措影响的渔船提供临时补贴。欧盟共同渔业政策通过以上多种经济手段在很大程度上避免了渔业补贴产生的负面影响，避免了由此产生的人为产能过剩，与此同时还促进了欧盟地区海洋渔业的重组和现代化，促进了海洋资源的可持续利用。

2. 海洋综合管理

欧盟的海洋综合管理建立在生态系统的基础上，主要原因是海洋本身的流动性、整体性特点导致海洋生态环境养护具有很强的外部性，在某一区域实施的海洋生态环境养护产生的收益并不能完全由本区域享有，而某一区域因海洋生态环境恶化产生的代价也不会由本区域单独承担，因此只有从整个海洋生态系统出发才能实现海洋生态环境的养护。在联合国《千年生态系统评估》（*The Millennium Ecosystem Assessment*）报告中，"海岸带"的定义是："海洋与陆地的界面，向海洋延伸至大陆架的中间，在大陆方向包括所有受海洋因素影响的区域。具体边界为平均海深 50 米与潮流线以上 50 米之间的区域，或者自海岸向大陆延伸 100 千米范围内的低地，包括珊瑚礁、高潮线与低潮线之间的区域、河口、滨海水产作业区和水草群落。"① 对海岸带实施综合管理是实现海洋生态环境养护的重要组成部分。

欧盟作为当今世界一体化程度最高的国际组织之一，在海洋管理层面与其他主权国家存在差异。虽然欧盟不对沿海地区和领海享有绝对主权，不对专属经济区享有主权，但是欧盟的高度一体化为欧盟地区实现海洋综合管理带来了便利。因为面对海洋生态环境养护的特殊性，个别主权国家的海洋管理无法实现区域的协调和海洋生态环境的全面管理，而此时欧盟的行动远比这些主权国家的"单打独斗"来得更有效。欧盟于 2008 年颁布的《欧盟海洋战略框架指令》是世界上第一部从生态系统角度出发的海洋综合管理规则，第一次在海洋管理方面用生态意义上的"海域"取代主权意义上的"海域"。此外，欧盟于 2002 年通过了《海岸带综合管理建议书》（*Integrated Coastal Zone Management*，ICZM），制定了有效规划和管理沿海地区的共同原则，明确了海岸带管理需要从整体、长期的角度出发，尊重生态系统的承载力，需要各成员国共同参与。这两份文件为欧盟地区的海洋生态环境提供了一个比较完善的保护。

由于欧盟开展海洋综合管理的时间较早，到目前为止一些项目已经到了验收评估阶段，并已经或即将进入下一个新的阶段。在 1996 年启动的海岸带管理"实验项目"相关成果的基础上，欧盟提出了"欧洲海岸带可持续发展指标"，建立了监测海岸带地区可持续发展程度的评价体系。2015 年提交的《海洋保护区报告》表明，在欧盟海域建立保护区对经济和环境效益有显著的推动作

---

① 联合国：《千年生态系统评估》，2005。

用。截至 2012 年，欧盟已有 5.9% 的沿海和海洋区域受到保护，欧盟在此基础上继续提出到 2020 年实现海洋保护区 10% 覆盖的目标。①

欧盟对海洋的综合管理离不开各成员国的参与和合作。海上空间规划和海岸带综合管理的结合提高了陆基和海基活动之间的互动，各种跨部门、跨国家的综合管理活动优化配置了海洋资源。同时，使用一套综合管理方法来解决整个欧盟地区的海洋生态环境养护和海洋资源可持续利用问题，增加了制度运行的确定性，减少了一些不必要的行政负担。

3. 海洋科技

欧盟的海洋科技起步较早，发展基础扎实，发展速度快，一直处在世界前列。早在 1989 年，当时的欧洲共同体各成员国就制订、实施了一项共同海洋科研计划——海洋科技试验计划（MAST），该计划一直延续到 1998 年，共有三期。该计划有海洋科学和海洋技术两个核心内容，海洋科学方面主要研究海洋动力系统和生态系统，海洋技术方面则偏重于海洋观测技术和水下技术。早期的欧盟海洋科技研究以基础研究主导，开发商业性较差。

目前，欧盟的海洋科技水平在国际上仍处于第一梯队。特别是在海上风能和海洋可再生能源的研究上明显处于领先地位，相关专利数占全球相关专利总数的 1/3 以上，其专利在全球范围内的引用次数接近全球专利引用总次数的一半（见表 5-1）。在藻类养殖业方面，欧盟专利数也占有超过 30% 的世界份额。根据专利引

―――――――――――

① 欧盟：《海洋保护区报告》，2015。

用次数计算，除了海上风能和海洋可再生能源这两个项目，欧盟藻类养殖、油气和蓝色生物技术项目专利在全球范围内的引用次数比例也都接近 50%，在海洋科技的主要项目专利上欧盟都占有较高的份额，从发表文献角度看，欧盟是当之无愧的海洋科技霸主。

表 5 - 1　2001～2010 年全球专利中欧盟所占比例及其
不同领域的全球范围内引用次数比例

单位：%

项　　目	专利数比例			引用次数比例	
	欧　盟	非欧盟	PCT*	欧　盟	非欧盟
海上风能	37.5	45.9	16.5	44	56
海洋可再生能源	35.5	49.2	15.3	44	56
藻类养殖	31.2	53.2	15.6	46	54
油气	22.1	58.2	19.8	47	53
海上安全和监督	17.6	64.5	18.0	35	65
环境监测	17.5	67.9	14.5	28	72
海洋矿物资源	16.0	70.3	13.7	40	60
海水淡化	15.0	73.2	11.7	38	62
蓝色生物技术	12.7	70.8	16.5	46	54

*指全球专利（《专利合作条约》）。

资料来源：欧盟渔业及海洋事务委员会《蓝色增长：大洋海洋和海岸带可持续发展的情景和驱动力》，海洋出版社，2014。

资料显示，欧盟的专利数目一直处在世界前列，在海上风能、海洋可再生能源、藻类养殖三个项目上处在世界第一的位置，同时与其他国家拉开了差距。在油气、环境监测、海上安全和监督、海洋矿物资源四个项目上仅次于美国，排名世界第二（见表 5 -

2）。总而言之，欧盟具备优秀的海洋科技能力，但就专利产出而言，缺乏从商业上利用科学研究成果的潜能。

表5-2　2001~2010年专利领先国家

单位：项，%

项　目	欧盟成员国和欧盟专利局		中国		美国		日本		全球
	绝对值	占比	绝对值	占比	绝对值	占比	绝对值	占比	绝对值
海上风能	479	38	156	12	170	13	133	10	1276
海洋可再生能源	1380	36	631	16	526	14	425	11	3886
藻类养殖	1755	31	756	13	1022	18	1416	25	5627
油气	1063	22	371	8	1415	29	213	4	4820
环境监测	576	18	331	10	1241	38	669	20	3287
海上安全和监督	404	18	153	7	800	35	325	14	2301
海洋矿物资源	361	16	339	15	424	19	336	15	2254
海水淡化	792	15	1129	21	921	17	1069	20	5364
蓝色生物技术	537	14	570	15	563	14	1181	30	3886

　　资料来源：欧盟渔业及海洋事务委员会《蓝色增长：大洋海洋和海岸带可持续发展的情景和驱动力》，海洋出版社，2014。

　　在海洋科学方面，表现较为突出的是走向深海和远海的海洋油气科研项目。世界六大石油巨头中有三家是欧盟地区的跨国公司，分别是壳牌、英国石油公司和道达尔石油公司。欧盟地区80%以上的油气开采都在海上，主要集中在北海海域、亚得里亚海海域和黑海海域，除了传统的石油、天然气开采，甲烷水合物和页岩气将成为欧盟海洋油气开采的新机遇。目前，欧盟海洋油气科学研究的重点领域有三方面，分别是以三维和四维地震成像和随钻测量为主的开采技术，以EOR和EGR为主的提高原油、天然气采收率的技术和以处理高压、腐蚀或冻结表面为主的深海技术。欧盟之所以把海洋油气技术当作海洋科学发展的重点项目之一，是因为海洋油气技术是其他海上活动的重要驱动力之一。通过技术共享、资源共享和信息共享，油气技术可以和海上风能科研项目、海洋可再生能源科研项目、航运和港口建设科研项目等一系列海洋科学项目形成协同效应。

四　存在的不足

欧盟虽然在海洋生态环境养护和海洋资源可持续利用方面建立了较为完善的法律和政策体系，但是欧盟本身的性质导致其在相关法律、政策的制定和推行过程中遇到了困难。欧盟作为一个高度一体化的地区组织，各成员国政治、经济和社会发展水平各异，处于海洋生态环境养护和海洋资源可持续利用的不同阶段，对海洋生态环境养护和海洋资源可持续利用也有不同的需求，因此常常难以达成一致。在这种情况下，不仅无法制定新的法律和政策，而且常常导致已经制定的各项法律和政策无法得以顺利推行。与此同时，欧盟复杂的行政许可与批准程序也严重影响了各种项目的实施效率，不利于欧盟地区的海洋生态环境养护和海洋资源可持续利用。

由于世界金融危机的持续性影响，近年来欧盟地区的长期经济投资总体呈现下降趋势，短期盈利成为主要投资目标。这进一步影响和限制了海洋科学和海洋技术的发展，基础研究几乎减少到零，大量人才因此外流到其他发展势头较好的国家，其中规模最大的流出方向是亚洲国家。

第三节　韩国

一　基本情况介绍

韩国，地处北纬33°～43°、东经124°～131°，位于东北亚朝鲜半岛的南部，总面积约为10万平方千米，海洋总面积是陆地面积的4.5倍。韩国是个多山国家，山地面积占国土陆地总面积的2/3，低山、丘陵和平原交错分布。韩国三面环海，海岸线全长约为5259千米。东部海岸线宽阔平直，长约415千米。西部地势平缓，海岸线曲折，海岸潮差大，海水浅，拥有许多海湾与岛屿，主要的海湾有京畿湾、牙山湾、群山湾和南阳湾，海岸线长2600千米。南部海岸是典型的沉降海岸，被海水淹没的山地残余形成岛屿，海岸线总长2244千米，主要的海湾有宝城湾、顺天湾、丽水湾、光阳湾与镇海湾等，主要港口有釜山港、马山港、丽水港和三千浦港等。

韩国西临黄海，与我国的胶东半岛隔海相望，东南是朝鲜海峡，东部与邻国日本隔海相望，北部隔着三八线与朝鲜相邻。韩国西海岸与中国山东半岛的最短距离约为190千米，南部釜山港与日本本州岛的最短距离约为180千米。除了与大陆相连的半岛外，韩国还拥有约3300个岛屿，大多分布在西海岸和南海岸，其中2/3是无人岛，最负盛名的是有"东方夏威夷"之称的济州岛，而济州岛（1840平方千米）也是韩国面积最大的岛屿。

韩国农业资源稀缺，现有耕地面积约为183.6万公顷，是世界人均耕地面积最少的国家之一。因此，韩国农产品较多依赖国外进口，除了大米和薯类实现基本自给外，其他粮食绝大部分依赖进口。但是韩国的海洋渔业资源十分丰富，主要有东海渔场、黄海渔场和南海渔场三个大型渔场。东海渔场海水温度季节性变化较大，既有鲐鱼、鳀鱼、鲹鱼、刀鱼、墨斗鱼等暖水鱼类，也有明太鱼、鲱鱼、鳕鱼等冷水性鱼类。黄海渔场的主要鱼类包括黄花鱼、刀鱼、鲽鱼、鲆鱼等，此外它还出产虾、螃蟹等甲壳类水产品。黄海渔场没有冷水性鱼类洄游，因此捕鱼作业在冬季会停止。南海渔场是韩国最大的渔场，终年受到黑潮暖流的影响，冬季水温保持在14℃以上，因此一年四季都可以捕鱼，主要鱼类包括刀鱼、鲷鱼、鳀鱼、鲹鱼、鲭鱼、鲯鱼、鲫鱼、鲽鱼等。

20世纪60年代，韩国政府开始实施"出口主导型"经济战略，从此韩国经济迅速发展，创造了著名的"汉江奇迹"，实现了电子、汽车、钢铁、造船等行业的"三级跳"。在此期间，韩国利用西方发达国家向发展中国家转移劳动密集型产业的机会，吸引外国资金和技术，一跃成为"亚洲四小龙"之一。

二 典型做法

韩国海洋水产部于1999年7月确定了《21世纪海洋发展战略》，形成了关于海洋开发、海洋环境、海岸带管理、海洋安全、海运、港口、水产、渔业资源管理、国际合作等9方面的意见。2000年5月，经海洋开发委员会及国务会议审议，《21世纪海洋发展战略》被正式确定为国家计划。该战略明确了韩国有关合理开发、利用及保护海洋的基本方针，确立了海洋产业增加值占国内经济的比重从1998年的7.0%提高到2030年的11.3%的大目标。以实现海洋强国为发展目标，该战略又提出了创造有生命力的海洋国土、发展以高科技为基础的海洋产业、保持海洋资源的可持续开发三个基本目标。2010 年，韩国政府出台了修订版《21 世纪海洋发展战略（2011 ～ 2020 年）》，将三大基本目标变更为通过合理利用与养护来改善海洋环境、革新海洋产业、扩展海洋区域。

新版战略提出了五点展望：第一，到 2030 年时，成为能够开发世界五大洋的海洋国家，要经营 37 个海外渔场，在南极、北极、南太平洋等区域建立资源开发基地；第二，成为保证生活质量的海洋环境国家，特别是到 2030 年时 70% 以上的近海水域恢复到一级水质；第三，成为海洋产业高技术化和抗风险能力强的国家，到 2030 年时海洋产业的直接和间接总附加值增加到 260.3 万亿韩元，海洋产业的增加值对 GDP 的贡献率增加到 11.3%；第四，成为东北亚物流中心，将釜山港和光阳港建设成为高效的国际物流中心和东北亚集装箱枢纽港，同时海运业要有高速的增长，争取到 2030 年时成为世界第五大海运强国；第五，成为稳定的水产品生产国，到 2030 年时水产品产量增加到 475 万吨，渔业人口减少到 26 万人，渔民收入增加 5 倍。

韩国对本国的海洋权益非常重视，早在 1952 年就发布了《关于毗邻海域主权的总统声明》，将东经 124° 以东、北纬 32° ～ 39°45′ 的黄海海域划定为"国家资源控制和保护区域"。1970 年，发布《海底矿物资源开采法》，公布了划定其大陆架的坐标。1977 年，公布了《领海法》，该法案明确了韩国的领海范围。1992 年，发表了《防止外籍渔船侵犯韩国海域的若干措施》，规定其渔业保护区在原"国家资源控制和保护区域"的基础上在黄海向西扩展 48 海里。

韩国在海洋生态环境养护和海洋资源的可持续利用方面的法

律体系建设时间早，修订频率高，整体框架比较完整。在海洋生态环境养护层面，一方面，韩国政府积极治理已经造成的海洋污染和海洋生态环境破坏。作为《伦敦倾废公约》和《国际防止船舶污染公约》的缔约国之一，韩国于 1977 年颁布了《海洋污染防治法》，在 2007 年时对该法进行了修订，并正式公布了《海洋环境管理法》。《海洋环境管理法》以控制船舶和海洋设施的油类污染物排放为核心，制定了污染防治和污染发生后的相关应急对策，为韩国的海洋生态环境养护定下了基调。此后，韩国相继通过了《海岸带管理法》《公共水域管理法》《港湾法》《渔港法》《渔场管理法》等，以此来减少海洋污染物的产生，以及对已经产生的海洋污染进行治理，以修复、养护海洋生态环境。另一方面，通过颁布《湿地保护法》，制定新的海域使用制度来养护脆弱的海洋生态环境。

在海洋资源可持续利用层面，韩国政府从产业和资源两方面入手，既对海洋资源可持续利用的具体问题做出具体规定，又对管理海洋资源可持续利用、真正实现海洋资源的可持续利用做出规定。

早在 1953 年，韩国政府就颁布了《水产业法》，该法主要规定了渔业执照制度、渔业许可制度、渔业调整制度等相关事项。《水产业法》在实施过程中被不断修订，最近一次修订是在 2011年。最新的《水产业法》主要确立了水产业的基本制度，旨在通过对水产资源的调整，对水面进行保护和综合利用，实现水产业的可持续发展。为了推进水产资源保护、维护渔业秩序，韩国政府于 1963 年制定了《水产资源保护令》，实现了对水产资源的专门管理。直到 2009 年，《水产资源管理法》才取代已经施行了近半个世纪的《水产资源保护令》，该法明确了水产资源六大建设事业：人工鱼草的设施建设事业、海洋牧场的设施建设事业、海中林的设施建设事业、水产种苗的放养事业、海洋环境的改善事业和农林水产食品部长为水产资源调整而设立的其他事业。

为了进一步实现海洋生物资源的合理保护和利用，韩国政府于 1996 年制定了《针对专属经济区内外国人从事渔业活动等行使韩国主权的管理法律》。韩国农林水产食品部于 2000 年颁布了《渔场管理法》，通过渔场开发养护的法制化，来实现海洋资源的可持续发展。为了更好地配合《渔场管理法》的实施，韩国农林水产食品部相继颁发《渔场管理法施行令》和《渔场管理法施行规则》。《养殖渔业育成法》于 2002 年颁布，随后韩国政府相继公布了《养殖渔业育成法施行令》和《养殖渔业育成法施行规则》，为保证水产品生产和供给的稳定提供了法律支持，进一步保障和促进了养殖渔业的发展。同年，韩国国土海洋部制定了《海洋水产发展基本法》，明确规定国家和地方自治团体有保护海洋环境、海洋资源和海洋生态的义务，应当推进对海洋及海洋资源的管理、开发和利用以实现和谐均衡发展。该基本法还规定，政府应当根据海洋水产发展的情况，每十年制定一次海洋水产发展基本计划。韩国农林水产食品部于 2008 年制定了《远洋产业发展法》，旨在促进渔业国际合作，实现远洋渔业的可持续发展。

此外，韩国政府还制定了与较为完善的法律体系相配套的一系列国家规划，如《海洋环境管理综合规划》《海洋科技开发规划》《海域环境管理基本规划》《海洋生态系统保护和管理基本规划》《无人岛屿综合管理规划》《海洋深层水基本规划》《公共水面填埋基本规划》《沿岸湿地保护基础规划》《沿岸综合管理规划》

《废弃物海洋收集和处理规划》《沿岸整治基本规划》等。根据实际情况不断被制定出来的国家级规划是一个相互关联、相互补充、共同发挥作用的整体，并且在发展过程中被不断修订，以期达到养护海洋生态环境、推动海洋资源可持续利用的最好效果。

三 突出成就

1. 海洋捕捞

在 20 世纪 60 年代之前，韩国的海洋事业发展以海洋捕捞业为中心，当时的海洋渔业是韩国的支柱型产业，特别是在韩国的出口贸易中发挥了巨大作用。随着时间的推移，由于海洋渔业资源的衰退和海洋生态环境的恶化，韩国近海渔业的渔获量占总渔获量的比例从 1980 年的 56.9% 减少到 2005 年的 40.0%。[①]

海产品需求量持续上升，捕捞量不断下降，面对这对矛盾，为了养护海洋生态环境，韩国在特定海域通过设置人工渔场实现有计划地培育和管理海洋渔业资源，促进海洋资源的可持续利用。韩国自 1998 年起实施"海洋牧场计划"。海洋牧场通过投放人工鱼礁和建设海中林来建造渔场，以形成一个适合海洋生物生长繁殖的海洋环境，接着被这些适宜的环境吸引的生物与人工放养的海洋生物一起组成人工渔场。海洋牧场的运营需要依靠一整套系统化的设施，比如需要人造上升流，需要进行人工种苗孵化，需要投入自动投饵机、超声波控制器，以及需要建造环境监测站等，同时还需要一整套完善的管理体制。先进的科学技术和管理能力

---

① 焦桂英、孙丽、刘洪滨：《韩国海洋渔业管理的启示》，《海洋开发与管理》2008 年第 12 期，第 42~48 页。

使得海洋生物可以像草原上的牛羊一样被放牧。海洋牧场是一种环境友好型生产系统，能够最大限度地实现海洋生态环境的养护。海洋牧场的推进可以促进捕捞型渔业向放牧型渔业过渡。

位于庆尚道统营市的第一个大规模海洋牧场已经于 2007 年投入使用，该区域实现了渔业资源量的大幅增长，初期增长了约 8 倍。根据韩国海洋水产开发院的预测，到 2016 年末，该海洋牧场的资源量将达到 7100 吨，并且未来每年直接和间接的收入将达到约 300 亿韩元。[①] 到目前为止，韩国已经建成丽水、统营、西海岸泰安、东海岸和济州岛 5 个海洋牧场，实现了对海洋渔业资源最大限度的可持续利用。受到海洋牧场经济效益和环境效益的驱动，韩国政府计划将海洋养殖产业占总海洋产业的比重从 2000 年的 27% 提高到 2030 年的 45%。[②]

2. 远洋航运

韩国是高度依赖外贸的国家之一，海洋运输产业产值占韩国进出口货物运输产业总产值的 99%，2011 年韩国海外海洋运输产业的收入为 332 亿美元。[③] 世界银行的相关数据显示，韩国的集装箱码头吞吐量近十年来增长十分明显，2001 年约为 903 万 TEU[④]，世界排名第五，仅次于中国的 4100 万 TEU、美国的 2830 万 TEU、

---

① 陈力群、张朝晖、王宗灵：《海洋渔业资源可持续利用的一种模式——海洋牧场》，《海岸工程》2006 年第 4 期，第 71～76 页。

② 刘洪滨：《韩国 21 世纪的海洋发展战略》，《太平洋学报》2007 年第 3 期，第 80～86 页。

③ 曹文振、闵贞主：《韩国海洋发展战略研究》，《中国海洋大学学报》（社会科学版）2014 年第 2 期，第 1～8 页。

④ TEU 是 "Twenty‐foot Equivalent Unit" 的缩写，是以长度为 20 英尺的标准尺寸集装箱容量为标准的计算单位，也被称为国际标准箱单位。

新加坡的 1710 万 TEU 和日本的 1310 万 TEU（见图 5 - 6 和图 5 - 7），占世界集装箱码头吞吐量的 4.02%。2014 年，韩国的集装箱码头吞吐量达到约 2380 万 TEU，世界排名第四，仅次于中国的 1.8 亿 TEU、美国的 4649 万 TEU 和新加坡的 3483 万 TEU，占世界集装箱码头吞吐量的 3.5%。十多年来，韩国的集装箱码头吞吐量增长了约 164%。[①]

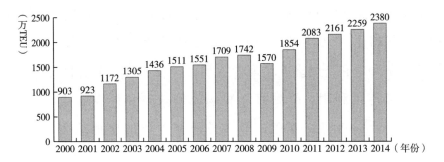

图 5 - 6 2000 ~ 2014 年韩国集装箱码头吞吐量

资料来源：《2015 年国际集装箱化年鉴》，2015。

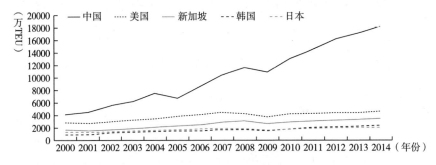

图 5 - 7 2000 ~ 2014 年主要国家集装箱码头吞吐量

资料来源：《2015 年国际集装箱化年鉴》，2015。

韩国是世界造船大国。按照 2015 年销售收入划分，韩国有 4 家造船厂进入世界前十，分别是以 393.2 亿美元位列第一的现代重

---

① 《2015 年国际集装箱化年鉴》，2015。

工、以 127.6 亿美元占据第三的大宇造船、以 82.6 亿美元排名第五的三星重工和以 25.0 亿美元排名第十的韩进重工（见表 5-3）。

表 5-3　2015 年度世界造船企业排名

单位：亿美元

排　名	企业名称	国　家	销售收入
1	现代重工	韩　国	393.2
2	三菱重工	日　本	359.7
3	大宇造船	韩　国	127.6
4	中船重工	中　国	92.1
5	三星重工	韩　国	82.6
6	Huntington Ingalls	美　国	70.2
7	中船集团	中　国	42.7
8	胜科海事	新加坡	36.1
9	今治造船	日　本	31.6
10	韩进重工	韩　国	25.0

资料来源：《首次公开！全球十大造船集团真实排名》，搜狐网，http://mt.sohu.com/20160722/n460497934.shtml，2016 年 7 月 22 日，最后访问日期为 2016 年 11 月 25 日。

2015 年，韩国造船企业新接订单量在世界排名第一，尽管在 2008 年金融危机后韩国造船企业新接订单量出现了大幅度下滑（见图 5-8），但这是全球造船企业共同面临的发展困境，在造船业集体不景气时，韩国的造船企业仍能保持一定数目的新接订单量，足以说明韩国造船企业有着较高的市场竞争能力。

3. 海洋环境养护

韩国政府对被污染的海域实施了"海洋养殖清洁计划"，主要在通过搜集沉淀物、搜集渔网沉淀物、海床耕犁等手段养护海洋生态环境的同时满足海洋资源可持续利用的需求。仅在 2004

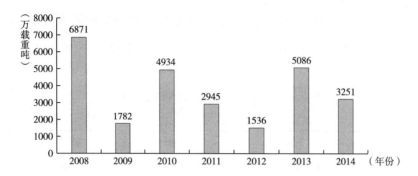

图 5 - 8　2008 ~ 2015 年韩国造船企业新接订单量统计

资料来源：国际船舶网，http：//www. eworldship. com，最后访问日期为 2016 年 11 月 25 日。

年，韩国政府就对超过 1.6 万公顷的海洋实施了"海洋养殖清洁计划"。

此外，韩国还积极参加各类国际海洋生态环境养护和海洋资源可持续利用的合作。参加了作为联合国环境规划署区域海计划一部分的西北太平洋海洋和沿岸地区环境保护、管理和开发的行动计划（The Action Plan for the Protection，Management and Development of the Marine and Coastal Environment of the Northwest Pacific Region，NOWPAP，1994）。韩国遵照该行动计划的安排对环境状况进行了监测和评价，实施了海岸带的综合管理，为保护海洋环境免受陆源污染做出了贡献。参加了作为东亚海洋可持续发展战略（SDS - SEA）区域协调机制的东亚海洋环境管理伙伴关系（Partnerships in Environmental Management for the Seas of East Asia，PEMSEA，1993）。韩国与其他 13 个国家之间共享海洋战略，通过政府间的伙伴关系来保护东亚地区海洋生态环境，维持沿海和海洋资源的可持续利用。参加了作为 1992 年举行的联合国环境与发展会议的后续行动的东北亚环境合作机制（North - East Asian Subregional Programme for Environmental Cooperation，NEASPEC，1993），与中国、朝鲜、日本、蒙古和俄罗斯联合促进了东北亚地区的环境合作。

中国与韩国隔着黄海遥遥相望，地理位置和海洋生态养护的特点决定了两国必然会开展紧密的双边合作。从 1994 年开始，中韩两国每年都会轮流召开环境合作联委会会议（见表 5 - 4），中韩环境合作联合委员会机制对促进两国环境合作发挥了积极作用，海洋生态养护问题一直以来都是此会议的主题之一。

表 5 - 4　中韩环境合作联委会会议一览

届　数	时　间	召开地点	海洋生态养护相关内容
第 1 届	1994 年	韩　国	中国国家海洋局和韩国科技部签署《中韩海洋科学技术合作谅解备忘录》
第 2 届	1995 年	中　国	探讨黄海海洋污染问题
第 3 届	1996 年	韩　国	探讨黄海油污污染防治
第 4 届	1997 年	中　国	确定了黄海油污污染防治合作项目
第 5 届	1998 年	韩　国	讨论强化中韩环境科学技术合作
第 6 届	1999 年	中　国	探讨了中韩环境科学技术交流中心的作用
第 7 届	2001 年	韩　国	探讨在 NOWPAP 体系下的双边海洋环境合作
第 8 届	2002 年	中　国	探讨中国长江三峡水电站的建设对海洋环境的影响
第 9 届	2005 年 1 月	韩　国	强调 NOWPAP，NEASPEC 中关于区域环境的合作，探讨黄海生态保护问题
第 10 届	2005 年 11 月	中　国	就区域性环境合作的强化交换意见
第 11 届	2006 年	韩　国	提出有必要对西北太平洋区域海洋环境合作的模式进行调整
第 12 届	2007 年	中　国	就共同关心的区域和全球环境问题交换了看法
第 13 届	2008 年	韩　国	就 NEASPEC 等全球和区域环境合作交换了意见

续表

届　数	时　间	召开地点	海洋生态养护相关内容
第 14 届	2009 年	中　国	就共同关心的区域和全球环境问题交换了看法
第 15 届	2010 年	韩　国	讨论生物多样性保护和遗传资源惠益分享，讨论在 NOWPAP 框架下的合作
第 16 届	2011 年	中　国	就推动 NOWPAP 和 NEASPEC 等全球和区域环境合作议题交换了意见
第 17 届	2012 年	韩　国	讨论生物多样性保护和遗传资源惠益分享，就推动 NOWPAP 和 NEASPEC 等全球和区域环境合作议题交换了意见
第 18 届	2013 年	中　国	探讨开展环境技术与环境产业和饮用水安全合作
第 19 届	2014 年	韩　国	重点讨论双方进一步加强在大气污染、沙尘暴、海洋及水资源领域合作的方案

资料来源：于海涛《西北太平洋区域海洋环境保护国际合作研究》，博士学位论文，中国海洋大学，2015。

四　存在的不足

韩国政府对海洋生态环境养护和海洋资源可持续利用的重视不够。作为海洋的主管部门，海洋水产部在 17 个政府部门中处于末端，部门预算不到国家总预算的 3%。2008 年，韩国第 17 届总统李明博在上任后，解散了负责海洋水产行政活动的海洋水产部，将海洋港湾物流领域划归国土海洋部管理，水产领域划归农林水产部管理。这项行政体制改革是在开海洋行政的"倒车"。尽管朴槿惠在上台后，于 2013 年 3 月重新恢复了"海洋水产部"，同时还整合了海事决策机构，但是韩国政府的反复、不完善的海洋行政仍对其海洋生态环境养护和海洋资源可持续利用造成诸多限制。

　　韩国海洋资源可持续利用驱动力单一，仅凭造船和海运两大动力成为"海洋大国"的梦想正逐渐破灭。2016 年，韩国造船业已经把世界头把交椅拱手让给中国。克拉克森研究公司的相关数据显示，截至 2016 年 8 月末，韩国造船企业的订单余量为 2331 万 CGT（标准货船换算吨数），创下了 12 年 10 个月以来的最低纪录，与中国（3570 万 CGT）的差距进一步扩大。[①] 2016 年 8 月 31 日，韩进海运公司在理事会会议上决定向首尔中央地方法院申请法定管理，正式宣告韩进海运的破产，这是全球航运业有史以来最大的破产案。韩进海运的破产预示着韩国"海运强国"的地位已不复存在。从韩国在海洋环境养护和海洋资源可持续利用的种种做法中不难发现，相比于其他表现，韩国的海运业表现十分突出，但是这种仅靠着海运"单引擎驱动"的模式并不能很好地支持本国实现海洋环境的养护和充分地实现海洋资源的可持续利用。

---

　　① "Order," Clarkson Research, http：//www.clarksons.com，最后访问日期为 2016 年 11 月 25 日。

第六章　中国海洋环境养护与资源可持续利用的机遇、挑战和建议

人类社会已迈入海洋世纪，一方面，海洋经济在新的社会发展背景下有了更多的发展机遇，焕发出新的活力；另一方面，海洋经济的蓬勃发展严重挑战着海洋生态环境和海洋资源的承载能力。海洋生态环境的污染与破坏、海洋资源的过度开发利用成为制约海洋经济向纵深发展的重要因素，也是我国实现海洋可持续发展所面临的最重要的挑战。因此，当前环境下如何抓住机遇，可持续地发展海洋经济以促进社会福利增加，成为全社会共同关注的话题。

第一节　机遇

通过对国内外海洋环境发展历程的梳理，我们认识到加强对海洋环境的治理和资源的养护是海洋经济实现新发展的关键一步。当前，相对稳定的国内外环境是我国促进海洋治理与养护工作面临的重要有利条件。我国海洋可持续发展既沿袭了以往发展的种种特点，同时在新的机遇期内又呈现新的发展特点。中国在养护

海洋环境和实现海洋资源可持续利用方面所面临的机遇主要体现在以下几个方面。

第一，海洋日渐成为我国乃至全球社会未来生存和可持续发展的保障。

海洋资源作为地球资源的重要组成部分，开发潜力巨大。对地球表面海洋水体的有效利用能够大大缓解陆地水资源紧缺的状况。海水的直接利用不仅可以缓解工业用水的压力，而且可以有效节约陆地淡水资源。而海水淡化也是补充陆地饮用水资源的重要手段，可以解决全球 1/5 人口的用水问题。

与陆地资源相比，海洋资源不仅储备量大，而且具有清洁性高的特点。我国海洋天然气资源储量约有 14 万亿立方米，可以作为替代品以减少煤和石油的用量、改善环境污染问题。天然气作为一种清洁能源，它的利用能够减少二氧化硫、粉尘、二氧化碳和氮氧化合物的排放量，降低酸雨形成的概率，缓解地球温室效应，是一种兼具经济价值和生态价值的能源。近些年来，天然气水合物走进了人们的视野，它主要储存于深海沉积物和陆地冻土中，甲烷含量高达 80%～99.9%，所以其燃烧污染比天然气小得多。另外，海水的潮流能、波浪能、盐度差能、温差能等都是海洋贡献给人类的绿色能源。因此，人类社会的未来发展必然依赖海洋。

第二，国家促进海洋经济发展的相关政策助推了海洋环境和资源朝着更加健康的方向发展。

海洋统筹规划工作进一步推进，与之相应的体制与法制建设加速完善。海洋事业的发展需要国家从长期战略性角度进行顶层设计，并且在宏观发展框架之下深入推进体制与法制工作建设步伐。与世界其他海洋大国相比，我国对海洋系统发展的战略规划起步较晚。改革开放以来，各涉海政府部门加快推进海洋统筹规划工作，协调各部门之间的权限，整合部门资源，海洋工作迎头赶上。2015 年，国家海洋局做出了《关于全面推进依法行政加快建设法治海洋的决定》，明确了各部门的任务分工，确立了法治海洋建设的总目标和路线图，多部海洋相关法律相继得以制定、修订和实施。为了规范深海海底资源开发利用活动，《中华人民共和国深海海底区域资源勘探开发法》于 2016 年 5 月正式生效；《中华人民共和国海域法》和《中华人民共和国海洋石油勘探开发环境保护管理条例》被进一步修订；《中华人民共和国海洋石油天然气管道保护条例》的拟定工作顺利开展；海洋督察制度建设方案制订完成。特别是 2016 年新修订的《中华人民共和国海洋环境保护法》，进一步加大了对污染海洋环境违法行为的处罚力度，取消了 30 万元人民币的罚款上限，根据污染事故等级分别处以事故直接损失 20% 或 30% 的罚款。另外，还增加了按日计罚和责令停业、关闭等处罚措施，增加了对企业有关责任人环境违法行为的惩罚力度。同时也对 2014 年修订的《中华人民共和国环境保护法》中增设的制度予以衔接，在海洋环境保护方面实施环境影响评价限批制度，增加了海洋生态保护补偿制度及海洋资源的开发利用应严格遵守生态保护红线的制度。

海洋政策与法制建设是规范我国海洋环境资源开发利用秩序的基本前提，我国的海洋工作正在政策与法律的框架下稳步推进。上述相关文件的颁布与实施极大地强化了我国海洋环境和资源保护，推动了国家海洋工作进一步规范化。涉海政策与法律的制定不仅要考虑整体和部分的协调关系，即在"海洋强国"建设的宏观战略构想之下，继续细化我国在海洋环境、海洋科技、海洋资源等领域的具体法制建设。而且要更加注重长期规划与短期规划的结合，以及专门领域内具体措施的特殊性，以逐步实现整体目标。

第三，我国海洋经济实力和海洋科技实力持续增强。

海洋经济的发展与海洋科技的进步息息相关，两者之间是相互促进的关系。一方面，海洋经济为海洋科技创新提供了物质基础；另一方面，海洋科技的发展进一步提高了海洋经济的生产效率。据统计，全国海洋生产总值年均增速约为8.1%；截至"十二五"末期，全国海洋生产总值占国民生产总值的比重约为9.6%，在未来，这一比重有望继续上升。根据预测结果，到2020年这一比重将达到12.44%，2025年上升至13.89%，2030年达到15.49%。① 我国海洋经济当前正处于转型时期，经济增长方式逐渐由粗放型向集约型转变。根据最新预测结果，到2030年我国海洋经济仍将处于成长期，海洋经济将在这一时期从不成熟走向成熟。

海洋经济的成功转型依赖海洋科技的进步。"上天、入地、下海"概括了人类科技的发展领域。近年来，"深海关键技术与装备"成为国家重点专项，发展深海科技是我国勘探和开发深海资源、推动海洋经济发展的技术前提。随着海洋科技的发展，其涉及领域不仅包括对传统的海洋本身及与之相毗连的陆地开发利用的技术，而且包括海洋上层空间技术，形成海、陆、空全覆盖的海

---

① 陈晔：《中国海洋经济发展报告》，载崔凤、宋宁而主编《中国海洋社会发展报告（2015）》，社会科学文献出版社，2015。

洋科技发展体系。当前，我国已经完成"海洋一号"C/D卫星和"海洋二号"B/C卫星等四颗卫星及其配套的地面系统建设项目的可行性论证。海洋水色卫星和海洋盐度探测卫星的预研工作也已经完成。

第四，海洋传统产业的发展面临调整，海洋新兴产业的发展增势明显。

通常情况下，海洋第一产业指海洋农业，主要包括海洋渔业、海洋养殖业、海水灌溉农业等；海洋第二产业主要包括海洋矿业、海洋化工业、水产加工业、海洋生物医药业、海洋电力产业和海洋工程建筑业等；海洋第三产业主要是指海洋交通运输业、滨海旅游业、海洋服务业等相关产业。

各类海洋产业的发展并非齐头并进，以海洋传统产业为主的第一产业面临缩减、升级、整合的发展趋势，而海洋新兴产业，如海洋生物医药、海洋电力、海水利用等海洋第二、第三产业发展势头迅猛，越发引人注目。《中国海洋发展报告（2015）》中的统计数据显示，2003～2014年，我国海洋第一产业增加值所占比重由24.1%下降至17.1%，而海洋第二产业所占比重大幅上升，由15.8%增至25.8%，海洋第三产业发展良好，比重从50.1%上升至57.4%。2015年上半年，海洋第一产业增加值为1158亿元，同比增长2.8%；海洋第二产业增加值为11690亿元，同比增长5.3%；海洋第三产业增加值为14455亿元，同比增长8.8%。[①] 从以上数据中可以看出，目前我国海洋三次产业结构呈现"三、二、

---

① 国家海洋局海洋发展战略研究所课题组：《中国海洋发展报告（2015）》，海洋出版社，2015。

一"的发展态势，即海洋第三产业和第二产业发展势头良好，而第一产业的发展有所滞后。海洋新兴产业的快速发展不仅有利于我国海洋产业结构的进一步优化，是推动海洋经济转型、提高我国海洋产业核心竞争力的新动力，而且对于控制海洋环境污染、促进海洋资源的合理利用、优化海洋生态环境有积极作用。

第五，国际社会关于海洋环境治理与海洋资源养护的合作更加紧密。

在全球化的时代背景下，实现海洋可持续发展必将更加依赖国际交流与合作。与其他自然环境相比，海洋本身所具有的流动性特征使得海洋保护更具有国际性。虽然世界各国的博弈使得海洋的使用范围具有国界，但海洋自然资源环境本身不受国界的限制。一国境内的海洋污染可能会威胁到周边多国甚至全球的海洋生态系统。因此，海洋环境的治理和海洋资源的养护，单靠一国的努力是难以实现的，这决定了国际合作在实现海洋可持续发展中具有重要作用。

2014 年，在我国举办的 APEC 第四届海洋部长会议通过了《厦门宣言》，各国主要在海洋生态环境保护和防灾减灾领域达成共识。在与亚洲海洋邻国的合作方面，我国积极投资中泰海洋联合实验室和中印海洋与气候联合研究中心及观测站的建设工作，编制了《中马海洋领域合作规划》和《中韩海洋领域合作规划》等计划书。在与美国的海洋领域合作方面，2016 年中美战略与经济对话"保护海洋"对口磋商活动顺利开展，在防治和减少海洋垃圾、海洋污染、海洋酸化等方面取得了一系列合作成果。海洋环保合作成为中美关系的新亮点。另外，联合国在实现海洋可持续发展的过程中发挥着重要作用，为相关国际合作提供了法律框架，并致力于各项制度措施的落实。2016 年，联合国环境规划署通过一份题为"联合国环境规划署前沿 2016 报告新兴环境问题"的报告，就海洋塑料微粒污染问题向世界发出警告。上述国际社会的种种行动都宣示着实现海洋的可持续发展需要全球携手、共同努力。

第二节　挑战

目前，我国海洋事业的发展处在重要的战略机遇期，我们在探索海洋、走向海洋、经略海洋的征程中虽然取得了举世瞩目的成就，但也遇到了许许多多的问题，它们给实现海洋可持续发展这一目标带来了巨大挑战。相关挑战具体表现在下述几个方面。

第一，在海洋污染治理与生态养护方面所面临的挑战——"先污染，后治理"的海洋环境发展模式亟待改善。

目前，我国陆源污染物主要通过入海河流或排污管道进入海洋，虽然国家正逐年加强对主要入海河口的污染监测和生态整治工作，但陆源污染物的入海量仍持续上升。而在海源污染方面，随着海洋油气田的勘探与开发，海上钻井平台的数量日益增加。海洋油气产业的繁荣发展使得油气资源开发、运输过程中的事故风险大大提高，海上漏油和溢油事故数量增多，这是构成海源污染的主要部分。在空源污染方面，在工业生产排放的废气中，过量二氧化碳等酸性气体进入大气循环，与海水接触发生化学反应，使得海洋水体酸化、水质下降。三大源头的污染使得我国海洋生态环境难承重负，生态系统的复原能力被逐渐削弱，生物多样性也遭受破坏。

　　如何实现海洋经济增长与生态环境保护的协调发展一直以来是困扰人们的重大难题。虽然我国在经济社会发展的过程中极力避免重走早期资本主义国家所经历的"先污染，后治理"的老路，但在发展的实践活动过程中仍长期存在以牺牲环境为代价换取经济增长的情况，难以挣脱这一发展模式的桎梏。首先，技术因素和经济因素是促使这一发展模式形成的主要原因。传统的高能耗技术产生的污染大，而绿色海洋科技虽然可以降低污染，但企业追求绿色海洋科技会增加其生产成本，削减其经济利润，加之技术革新本身具有的高难度性特征无疑使得众多企业选择绕道而行。其次，环境保护意识和环境保护行动具有滞后性。海洋自然环境本身所具有的自净能力使得海洋污染和生态破坏往往以渐进的方式显现。因此，人们对环境损害的认识和环境保护意识的觉醒落后于污染行动的发生，而环境保护行动的落实又进一步落后于环境保护意识的觉醒。如此一来，海洋经济的不健康发展使得海洋污染隐患日益积累，直到环境污染事件爆发，阻碍经济进一步发展时，它才会引起人们重视，迫使人们采取环境保护的行动。

　　我国海洋环境污染治理和生态养护具有迫切性，"先污染，后治理"的道路在中国走不通。同资本主义发展早期相比，当今世界海洋环境更具脆弱性，环境容量大大缩小。而我国入海污染物的排放量已经远远超过海洋环境的自净能力，海洋环境事件进入高发期，海洋污染带来的社会问题逐渐由隐性向显性转化。海洋环境恶化给予社会发展的反作用正在蚕食改革开放的成果，给未来社会发展以巨大挑战。

　　第二，在海洋资源可持续利用方面所面临的挑战——海洋资源过度开发且利用率偏低，浪费现象严重。

改革开放以来，海洋资源的开发利用量节节攀升，但资源的利用效率提高得较缓慢，这直接导致海洋资源利用不充分，浪费严重。《中国海洋发展报告（2014）》中的内容显示，我国海洋资源利用质量、利用效率、产出效益仍处于较低水平，资源过度开发但利用不充分的现象尚未得到根本扭转。①

对海洋资源的过度开发主要体现为对海洋渔业资源的过度捕捞。我国现代渔业生产所捕获的海洋生物量已经大大超过海洋生态系统能够平衡弥补的数量。例如，浙江舟山渔场因位于北方寒冷海流和南方温暖海流交汇处，渔业资源非常丰富。在20世纪70年代以前，它是我国最大的渔场，也是世界著名的渔场之一，曾以盛产高品质的黄花鱼、带鱼、墨鱼而著称。随着人口数量和海产品需求的增长，改革开放以来舟山渔场的过度捕捞现象严重，原先盛产的黄花鱼几近灭绝，海洋生态功能也随之退化，复原能力减弱，生态恢复周期变长。

海洋资源利用率偏低主要体现在海洋炼油工艺上，成品油市场的开放使得中国炼油工业面临着跨国石化公司带来的技术压力。与国外企业相比，我国炼油企业在能耗物耗、加工损失、油品质量等方面均较为落后。在很长一段时期内，为增加国内炼油工业的国际竞争力，在技术限制的条件下，只能靠通过增加原油投入来提高产出。然而，我国是人口大国，虽然海洋资源总量丰富，但人均资源占有量十分贫乏。高投入、低产出的石油资源利用模式必然导致海洋经济陷入困境。因此，节约资源、提高资源利用率，

---

① 朱彧：《国家海洋局海洋发展战略研究所副所长贾宇解读〈中国海洋发展报告（2014）〉》，《中国海洋报》2014年4月30日，第2版。

特别是提高海洋石油资源的利用率对我国社会发展尤为重要。在未来的发展过程中，应着重推进海洋资源的节能降耗以实现降本增效的目的，走环保、节约的发展道路是中国炼油工业适应社会发展的必然要求。

第三，其他方面所面临的挑战。

首先是海洋环境的治理与海洋资源的养护管理工作过多地依赖政府主导。

海洋工作的统筹规划和管理监督决定了政府参与具有必要性，但海洋环境多层次复合性和多功能性的特点导致海洋资源开发又具有多行业性特征，因此企业、社会组织和个人有义务参与到保护海洋的行动中来。当前，我国海洋保护与管理工作主要依靠政府力量推进，企业和个人多是被动接受，涉海社会组织的发展有待壮大，因此出现海洋管理行政化、政策执行阻力大等诸多难题。

其原因可被归结为以下几点。首先，涉海企业缺乏有效的环保激励机制。企业是推动国家经济发展的重要支撑，企业的利益与国家经济利益紧密相连，企业的环保工作同样关乎国家生态文明的建设，以牟利为目的的企业需要政府以强制或激励的方式增加其对海洋环境保护的投资力度。目前，政府与企业之间存在明显的委托－代理关系，在海洋环保工作实践中，政府充当着委托人角色，而涉海企业则充当着代理人角色，被动完成政府制定的各类环保任务。其次，政府权力集中，对环保社会组织干预过多使其发展不充分。与公众个体相比，社会组织是监督和制衡相关政府机构和企业落实海洋环保行动的有效力量。长期以来，我国社会的体制环境决定了社会组织创建的审批制度复杂，大多数社会组织力量薄弱，只能浅层次地参与环境治理工作且效率偏低。

例如，根据我国施行的社会组织登记双重审批制度，社会组织的合法运营必须先经业务主管单位审批，如此它才能到民政部门申请登记。因此，体制制约下的社会组织发展缺乏活力，不能很好地发挥海洋环境保护的作用。最后，群众个体的海洋保护行动仍停留在"喊口号"阶段。在政府的宣传倡导之下，群众对海洋环境的保护意识觉醒，但行动落实不到位。公众个体普遍认为对海洋环境的保护和管理是政府的"分内之事"，自己表明立场即可，无须认真落实。以上各方面之间形成的恶性循环，更加增大了社会对政府环境保护工作的依赖性。

其次是整合之后的海洋执法队伍建设不足。

进入 21 世纪以来，海洋对国家的政治、经济、军事和社会意义更加重大，而完善的海洋管理体系是我国应对海洋世纪各项挑战的制度保障。海洋执法队伍建设是国家海洋管理体系的重要组成部分，直接关系国家海洋政策的有效落实，有助于保障我国海洋环境、海洋资源、海洋经济和海洋权益免受破坏和侵犯。虽然我国早在 1993 年就意识到海洋执法队伍建设过程中的诸多问题，并下发了《关于加强东海海上航行和渔业安全的意见的通知》，但政策落实并不到位，没有从根本上改良海洋执法队伍管理体制。2004 年，温家宝在《政府工作报告》中进一步提出要改革海洋执法体系，加强海洋执法队伍建设，贯彻落实依法行政的政策要求。但限于当时的体制漏洞，各类涉海管理部门职能存在分散、交叉或重叠的现象，政策执行效果并不理想。2013 年，第十二届全国人大第一次会议通过了重新组建国家海洋局、整合海上执法力量的方案。将原先的国土资源部国家海洋局、公安部边防局、农业部渔政局、海关总署缉私局、交通运输部海事局等五部门执法主体的相关职能整合为由国土资源部中国海警局和交通运输部海事局两部门承担。

伴随海洋执法体制发生重大变化，相关海洋执法法规的制定或修订工作迫在眉睫。截至目前，整合后的海洋执法力量尚处于磨合运行阶段，各部门之间的执法行动还未能实现完全统一，在对外执法中采取联合执法方式但对内执法仍旧遵循原有方式。这与我国当前缺乏对整合之后的海洋执法主体资格和权限进行清晰界定的相关法律有直接关系。过去由于受到旧有海洋管理体制的制约，我国海洋执法队伍履行职能多基于分领域、分事物、分行业的专项法律法规，而整合后的海洋执法队伍急需海洋基本法来进行统一规范和约束。应尽快建立并完善海洋管理信息系统、海洋管理协调联动机制和海洋情报网，如此海警局各部门之间及其与其他国家部门之间才能够共享海洋信息情报，统一执法行动。

最后是在全球化背景下，境外高污染的跨国企业入驻中国，进一步加重了我国环境资源压力。

随着国际贸易的发展和企业环保成本的增加，不少发达国家将污染性较高的企业以海外建厂的方式转移到发展中国家。而当下中国经济的发展需要积极引进外资，加强国际交流与合作。加之中国劳动力价格低廉、资源丰富且排污成本较低，众多跨国公司在中国投资建厂。一方面，跨国公司在我国的发展的确为我国经济社会发展注入了活力，其先进的管理方式和生产技术值得我们学习；但另一方面，跨国公司给我国带来的环境和资源压力与日俱增，威胁着环境和资源的可持续发展。在 2006 年公布的全国各级环保局统计的 2004~2006 年环保违规企业名单中，有 33 家在华跨国企业上榜。环保违规项目主要包括废水超标排放、环保设施未经验收擅自投入生产，个别跨国企业甚至未建污染治理设施就擅自投入生产，给环境造成严重污染。

造成上述现象的主要原因有以下几点。首先，部分地方政府盲目追求经济效益，对跨国企业的环境污染事故态度暧昧。其次，许多跨国企业打着"讲求社会责任，承担环保义务"的幌子麻痹大众，从而让自己逃脱政府、媒体等各方面的监督。无利不起早，任何企业在条件允许时都会追求利润最大化，这是资本流通的本质属性。如果我们只注重追求境外资本带来的经济效益而放松了对跨国企业的环境责任监督，最大的受害者将是我们自身。2011年，康菲公司在中国境内发生的海上重大漏油事故充分说明，如果疏于对跨国公司环保工作的监管，最终必将付出巨大的环境代价。

第三节　建议

为改变"先污染，后治理"的发展模式，我国环境保护工作确立了"预防为主，防治结合"的原则，体现出可持续发展的战略思想，这与《2030 年可持续发展议程》中实现海洋可持续发展的目标相契合。该原则的确立首先是因为环境污染一旦发生，往往难以被消除，具有不可逆转的性质。其次，从经济学角度分析，"先污染，后治理"的环境成本高，是不合算的。我国是发展中大国，由于资金和技术等方面的限制，难以像发达国家那样短时间内筹集巨额资金应对环境危机。因此，预防为主，防治结合，尽力做到防患于未然，是一条实现经济和生态可持续发展的捷径。根据前文分析的我国实现海洋可持续发展所面临的挑战以及联合国

《2030 年可持续发展议程》中实现海洋可持续发展的目标要求，建议如下。

首先是海洋污染治理与生态养护方面的建议。

建议一：控制陆源污染、预防海源污染、减少空源污染，增强海洋生态系统复原能力。

在海洋环境污染的各种类别中，陆源污染所占比重最大。据统计，陆源污染物占全部入海污染物的比例高达 80%，主要来自陆地的工业生产、农作物种植、牲畜家禽养殖、居民日常生活、污水处理厂尾水排放等五个方面。由于陆源污染物来源广、规模大，且牵涉的行业范围及社会关系相对复杂，因此短期内要求大幅减少或降低陆源污染物入海量难度较大。目前，我们应当首先将污染物排放量控制在合理范围内，在此基础上力争进一步提高减排标准。对于工业生产和居民日常生活中产生的污染物以及污水处理厂尾水排放的污染物，可以通过提高污水收集和处理效率、加大环境执法力度等措施进行有效控制。而对于农作物种植和牲畜家禽养殖产生的污染物，可以通过提高畜禽排泄物的综合利用率，推广沼气工程建设，对粪便进行无害化处理，减少化学肥料的用量，还原农家肥生产作业方式等方式进行控制。

海源污染状况的改善可以通过提前采取预防措施来有效解决。大量的统计资料表明，只要预防措施到位，大部分海上溢油或漏油事故可以避免。在海洋石油作业过程中，应当强化工作人员的专业安全能力和风险识别能力，塑造一支具备高水平职业技能和高效率的团队是有效减少工作失误、预防溢油事故的根本保障。

海洋水体酸化速度过快是空源污染的表现。为有效减少海洋空源污染，除在工业生产过程中，通过技术改进降低酸性气体的排放量之外，还应当重视对工业废气、汽车尾气等酸性气体进行脱硫、脱碳、脱氮处理。这不仅能够有效减缓海洋酸化的速度，而且可以降低酸雨形成的概率，减少酸雨对陆地的腐蚀作用。只有从根源上控制、预防和减少污染物的排放，才能有效增强海洋生态系统的复原能力，从根本上实现海洋生态环境的可持续发展。

建议二：推进海洋环境信息化建设，加强对海洋污染源头的监管工作。

海洋环境信息化建设是提升海洋数据的集成与管理、分析评价与决策、行政审批与管理、政务公开与公众服务能力的重要手段，能够有效实现海洋环境监测管理、海洋环境监督管理、海域动态监视监测等各项职能，从源头控制海洋污染的速度和规模，以达到环境保护的目的。未来，我国在推进海洋信息化建设工作中应着重做好以下几个方面的工作。首先，我国各高校和科研机构应当加强对海洋信息管理系统的人才培养。海洋信息化建设是一项复杂的系统工程，涉及经济、社会、科技、信息、国防等多个学科领域，跨学科的综合性人才是海洋信息化建设发展的人力基础。而目前我国该领域的人才缺乏，高层次综合性的人才数量不足，对海洋信息化建设发展造成制约。其次，推进海洋环境信息化基础设施、技术设备的建设和改良，加强标准规范、质量认证体系和政策法规管理制度建设，并与时俱进不断对其进行修正。海洋信息化系统在运行过程中必然会出现诸如响应速度、操作流程方面的各类问题，我们应该不断克服阻力，优化系统建设。另外，统一技术标准是实现海洋信息化的基石，要重视信息化标准的建设，根据统一的标准和规范对海洋环境信息进行整合处理。最后，定期做好海洋环境信息数据的调查和采集工作，及时追踪海洋污染状况和海洋环境变化状况以便更好决策。积极借鉴环保、林业、农业及其他业务系统的先进经验和成功案例，落实好对海洋污染源头的监管工作。

其次是海洋资源可持续利用方面的建议。

建议一：重点管制过度捕捞行为，禁止对渔业资源过度开发。

目前，渔业资源作为一种公共物品因产权不明确而被竞争性地过度使用，最终陷入"公地悲剧"的困境。海洋渔业资源过度捕捞现象产生的根源在于渔业资源具有共享性，即海洋可捕鱼类品种和数量的产权是不明确的，人人都有权利进行捕捞，但每个人都出于利益最大化的经济考量一味地向海洋索取资源而疏于对资源进行养护，最后导致资源枯竭。因此，无管制的海洋渔业必然导致过度捕捞。

为保障海洋渔业资源的可持续利用，禁止对渔业资源的过度开发，国家必须加强对海洋渔业资源的管制力度。在渔业执法中，严格执行相关部门规定的渔产品可捕捞总量，限制捕捞力度；渔业管理部门应依据海域渔业资源情况逐步调整休渔期，扩大禁渔海区面积；应调整捕捞生产方式结构，限制使用拖网、张网等对渔业资源损害较大的捕捞工具，加强对产卵期鱼种和幼鱼的有效保护，重视渔业资源的增殖和可持续发展。

建议二：科技兴海，提高海洋资源利用效率，减少资源浪费。

由于海洋资源具有种类多、储量大的特点，极易造成人们对海洋资源的过度开发和浪费，因此，必须注重发展海洋科技，提高资源利用效率以实现资源永续利用。技术改进以促进海洋资源采集装备的集约化水平是提高海洋资源利用效率的决定性条件。首先，激励海洋低碳技术创新，提高海洋资源利用率，着力开发海洋低碳能源，增加相关技术开发的资金投入，为绿色低碳的海洋资源研发技术的创新提供资金支持，是实现海洋资源可持续开发的根本保证。其次，结合产业结构调整，对那些规模小、耗能高、污染严重且安全隐患大的生产采集设备实施"关停并撤"，加快淘汰落后的工艺、技术、设备。最后，企业内部需加强管理，强化资源消耗定额考核管理工作，做好资源消耗统计和分析以减少资源浪费，不断提高节能水平。

最后是其他方面的建议。

建议一：多主体共同承担实现海洋可持续发展的责任，尤其要重视企业和社会环保组织对实现海洋可持续发展的作用。

在当前形势下，过度依赖政府对海洋环境与资源的监管和保护，使得政府机构在人力、物力和资金等方面都面临巨大压力。另外，政府部门能力有限，难以覆盖海洋发展的方方面面，使得环境资源监察效果欠佳。这就要求社会其他组织同政府共同承担起实现海洋可持续发展的主体作用，特别是要发挥企业和社会环保组织在实现海洋永续发展过程中的作用。

当前企业所承担的环保义务主要是被动接受来自政府的各项指标，如果没有达到政府规定的环境标准就要接受政府做出的惩罚措施。而这种环境管理模式促使企业采取各种非正当手段逃避环保责任和环境惩罚。政府可以适当增加对企业环境保护的激励措施，从保证企业利益的角度出发，给予其一定的环保补贴，或通过税收等方式对环境保护指标完成较好的企业进行奖励，缓解企业的成本压力。这种处罚与激励相结合的政府管理手段，不仅能够激励企业选择高环保的生产模式，增强企业环保意识，而且可降低政府的监管难度。

另外，我们要重视发挥社会环保组织的作用。在海洋环境和资源保护方面建立"参与－回应"型的反馈机制，在政府支持下充分发挥社会组织的中介作用，促进政府与公众和企业的沟通。虽然在短期内，我国难以像发达国家那样发展出较为成熟的公共治理模式，但政府可以通过社会组织这一渠道及时准确地了解人们的环境诉求，以及及时输出制度和具体政策指导，从而高效地实现海洋环境治理目标。

建议二：加快推进海洋执法队伍相关立法工作，强化法制建设。

针对我国海洋环境治理与资源养护问题，完善和健全相应法律法规，使执法者有法可依。海洋执法机构的调整必须有配套的法律规范做保障。并应从法律上明确整合之后的海洋执法队伍的性质、组织架构、职能、主要任务等，使之具备执法主体资格，确定其法律地位。另外，对于海洋执法队伍建设的立法工作，应重点关注法律法规的可操作性和法律的明确性，避免因法律规定不清晰而造成法律执行的漏洞。总之，完善海洋法律体系既要符合《联合国海洋法公约》的内容，又要与我国海洋执法实践需求相适应，为海洋执法体系改革提供合法性保障。

建议三：积极参与实现海洋领域可持续发展的国际合作。

海洋作为人类能源、资源、通道和空间的重要来源，是全球化背景下国际交流合作的重要纽带，因此对海洋环境的治理和养护需要国际社会携手、共同努力。由于各国国情不同，所处的发展阶段也不尽相同，各国对海洋的开发利用和治理养护的重视程度也不同，所以各利益团体在海洋治理实践博弈中难免会产生冲突与相互竞争。实现海洋的可持续发展能够造福全人类，在国家利益允许的情况下，我们应当尽力增强合作，减少冲突，同世界各国一道，共同制订海洋治理计划，以有效应对海洋环境污染和资源破坏等突发性事件。同时，我们也应当向发达国家学习先进的环境保护制度和科学技术，为国际欠发达国家和地区提供技术和资金援助，努力做到有效预防、减少、控制污染海洋的破坏活动，实现海洋经济持续繁荣发展。

欧盟作为国际上最重要的经济体之一，在区域海洋治理与保护中取得的良好成效和成功经验使其在全球海洋治理中居于重要位置，发挥着重要作用。为确保海洋生态系统健康发展，2016 年11 月，欧盟委员会通过了名为"国际海洋治理：我们海洋的未来议程"的联合声明文件，旨在应对全球气候变化、粮食危机、海洋犯罪活动等各类全球海洋挑战，确保安全可靠并且可持续地开发利用海洋资源，这表明了欧盟实现联合国《2030 年可持续发展议程》中相关目标的决心。该项联合声明主要从改善全球海洋治理架构、减轻人类活动对海洋的压力和发展可持续的蓝色经济、加强海洋科学研究国际合作三个领域致力于实现全球海洋治理目标。上述做法给予我国以重要启发，在实现海洋可持续发展的征程中，我们不仅要在全国范围内做好区域海洋治理工作，而且要加强国际多边合作，借鉴国际社会先进有效的措施和成功经验致力于实现全球海洋可持续发展。例如，通过承办或参与国际海洋会议增加经验交流机会，严厉打击国内外非法捕捞活动以促进海洋资源的可持续利用，建立全国海洋环境保护和资源监测的卫星通信及数据网络系统并积极配合国际社会建成全球范围内的海洋数据网络等。

参考文献

［1］陈清华、彭海君：《海洋酸化的生态危害研究进展》，《科技导报》2009 年第 19 期。

［2］陈晔：《中国海洋经济发展报告》，载崔凤、宋宁而主编《中国海洋社会发展报告（2015）》，社会科学文献出版社，2015。

［3］崔凤等：《海洋社会学的构建——基本概念与体系框架》，社会科学文献出版社，2014。

［4］崔凤、唐国建：《海洋与社会协调发展战略》，海洋出版社，2014。

［5］崔凤、赵宗金：《中国海洋社会学研究》（2014 年卷），社会科学文献出版社，2014。

［6］崔建霞：《共生共荣：人与自然的和谐发展》，《北京理工大学学报》（社会科学版）2003 年第 6 期。

［7］崔木花、董普、左海凤：《我国海洋矿产资源的现状浅析》，《海洋开发与管理》2005 年第 5 期。

［8］冯梁：《世界主要大国海洋经略：经验教训与历史启示》，南京大学出版社，2015。

［9］〔美〕菲尔德等：《2020 年的海洋：科学、发展趋势和可持续发展面临的挑战》，吴克勤等译，海洋出版社，2004。

［10］《关于陆基的蒙特利尔指导准则》，《产业与环境》（中文版）

1993 年第 Z1 期。

[11] 国际自然保护联盟：《具有世界代表性的海洋保护区网络》，1995。

[12] 国际自然保护联盟：《世界保护报告 2016》，2016。

[13] 国家海洋局：《2010 年中国海洋行政执法公报》，2011。

[14] 国家海洋局：《2015 年全国海水利用报告》，2015。

[15] 国家海洋局：《海域使用管理报告》（2002～2015 年发布）。

[16] 国家海洋局：《中国海洋环境质量公报》（1999～2015 年发布）。

[17] 国家海洋局：《中国海洋经济统计公报》（2010 年和 2015 年发布）。

[18] 国家海洋局：《中国海洋统计年鉴（2009）》，海洋出版社，2010。

[19] 国家海洋局：《中国海洋统计年鉴（2010）》，海洋出版社，2011。

[20] 国家海洋局海洋发展战略研究所课题组：《中国海洋发展报告（2015）》，海洋出版社，2015。

[21] 侯国祥、王志鹏：《海洋资源与环境》，华中科技大学出版社，2013。

[22] 黄良民：《中国海洋资源与可持续发展》，科学出版社，2007。

[23] 李加林、马仁锋：《中国海洋资源环境与海洋经济研究 40 年发展报告（1975～2014)》，浙江大学出版社，2014。

[24] 李金昌：《关于内罗毕宣言的一点说明》，《环境保护》1983 年第 3 期。

[25] 厉丞烜等：《我国海洋生态环境状况综合分析》，《海洋开发

与管理》2014 年第 3 期。

[26] 联合国环境规划署：《全球展望 5——我们未来想要的环境》，2012。

[27] 联合国环境规划署：《执行〈2011~2020 年生物多样性战略计划〉中期评估》，2010。

[28] 联合国：《可持续发展世界首脑会议执行计划》，2002。

[29] 联合国：《联合国人类环境宣言》，1972。

[30] 联合国粮食及农业组织：《2016 年世界渔业和水产养殖状况：为全面实现粮食和营养安全做贡献》，2016。

[31] 联合国：《我们希望的未来》，2012。

[32] 联合国：《约翰内斯堡可持续发展宣言》，2002。

[33] 刘洪滨、孙丽、何新颖：《山东省围填海造地管理浅探——以胶州湾为例》，《海岸工程》2010 年第 1 期。

[34] 欧盟渔业及海洋事务委员会：《蓝色增长：大洋海洋和海岸带可持续发展的情景和驱动力》，海洋出版社，2014。

[35] 裴兆斌：《海上执法体制解读与重构》，《中国人民公安大学学报》（社会科学版）2016 年第 1 期。

[36] 全国人大常委会法制工作组编《中华人民共和国海岛保护法释义》，法律出版社，2010。

[37] 世界环境与发展委员会：《我们共同的未来》，吉林人民出版社，1997。

[38] 〔美〕斯塔夫里阿诺斯：《全球通史》（第 7 版），吴象婴译，北京大学出版社，2006。

[39] 唐国建、赵缇：《中国海洋环境发展报告》，载崔凤、宋宁而主编《中国海洋社会发展报告（2015）》，社会科学文献出版社，2015。

［40］辛仁臣、刘豪、关翔宇：《海洋资源》，化学工业出版社，2013。

［41］杨国桢：《中华海洋文明的时代划分》，载李庆新主编《海洋史研究》（第五辑），社会科学文献出版社，2013。

［42］殷克东、方胜民：《海洋强国指标体系》，经济科学出版社，2008。

［43］张椿年：《地理大发现后西方海洋霸权大国的兴衰交替》，载李庆新主编《海洋史研究》（第五辑），社会科学文献出版社，2013。

［44］张锦涛：《世界大国海洋战略概览》，南京大学出版社，2015。

［45］郑苗壮、刘岩、李明杰等：《我国海洋资源开发利用现状及趋势》，《海洋开发与管理》2013年第12期。

［46］中国海洋可持续发展的生态环境问题与政策研究课题组：《中国海洋可持续发展的生态环境问题与政策研究》，中国环境出版社，2013。

［47］朱晓东等：《海洋资源概论》，高等教育出版社，2005。

［48］朱彧：《国家海洋局海洋发展战略研究所副所长贾宇解读〈中国海洋发展报告（2014）〉》，《中国海洋报》2014年4月30日，第2版。

［49］European Union（EU），*Blue Book for an EU Maritime Policy*（EU, 2007）.

［50］European Union（EU），"Europe 2020：A Strategy for Smart Sustainable and Inclusive Growth, 2010," 2010.

［51］Global Environment Facility（GEF），United Nations Environment Programme（UNEP），"From Coast to Coast：Celebrating

20 Years of Transboundary Management of Our Shared Oceans,"
2016.

[52] M. Milazzo, "Subsidies in World Fisheries: A Reexamination,"
World Bank Technical Paper No. 406, Fisheries Series, 1998.

[53] National Oceanic and Atmospheric Administration (NOAA),
"Fisheries of the United States 2015," 2015.

[54] United Nations Development Programme (UNDP), "The Future We Want: Biodiversity and Ecosystems – Driving Sustainable
Development," 2012.

[55] United Nations Environment Commission for Europe (UN-
ECE), "Hemispheric Transport of Air Pollution 2010," 2010.

[56] United Nations Environment Programme (UNEP), "Environmental Consequences of Ocean Acidification: A Threat to Food
Security," 2010.

[57] United Nations Environment Programme (UNEP), GRID –
Arendal, "Marine Litter Vital Graphics," 2016.

[58] United Nations Environment Programme (UNEP), "Programme Performance Report 2014 – 2015," 2015.

索 引

爱知目标　73

碧海行动　116

滨海旅游　9，140，141，200

滨海砂矿资源　134

波浪能　3，7，8，139，140，197

不管制捕捞　49，88

层级交叉　146

潮流能　138，139，197

赤潮　11，35，64，109

大陆架　6，81，134，135，159，
　177，185

多龙闹海　115

非法捕捞　87，88，116，214

副渔获物　89～92

富营养化　11，35，63，64，71，109，
　148

共荣　17，20，21，23

共生　9，17，20，21，23，104

共同渔业政策　88，175～177

过度捕捞　15，16，31，47，49，51，

59，70，75，82，85～87，130，151，
　152，163，204，211

海岸带生态脆弱性　122

海岸带资源区　165

海岸警备队　165

海岛生态系统　126

海底矿产资源　2，133

海底垃圾　106，107

海面漂浮垃圾　106，107

海权论　158

海上油气开采　135

海水淡化　3，5，9，142，143，145，
　180，181，197

海水矿产资源　133

海水冷却　142～144

海水养殖　5，9，56，130～133，153

海水质量　103，104，107，109

海水资源　5，142～145

海滩垃圾　106，107

海外渔场　185

海盐　　5，6，9，137，138

海洋保护区　　41～43，59，75～81，
　　92，117，118，150，165，178，179

海洋捕捞　　9，41，81，83，84，88～
　　90，92，93，123，130～132，152，
　　162，163，174，175，188

海洋产业　　9，65，101，103，104，
　　107，119，130，147，156，184，
　　185，189，200，201

海洋第二产业　　200

海洋第三产业　　200，201

海洋第一产业　　200

海洋法治建设　　147，150

海洋废弃物污染　　31，32，36，65，
　　148

海洋分级管理　　115

海洋国土　　184

海洋化学资源　　133，137

海洋环境　　10，13，20，23～25，27，
　　29，30，32～35，37～41，43～47，
　　55，56，58～63，65，66，69，70，
　　73，76，77，81，89，94，95，98～
　　118，124，125，127，133，145～
　　152，155，156，158，165，167，
　　171～174，184～188，191～199，
　　201～203，205，206，210～214

海洋环境污染　　10，33，62，101，
　　103，106，110～113，117，147，

201，203，209，214

海洋环境治理　　148，201，213

海洋健康指数　　74

海洋科技　　8，10，17，19，20，32，
　　43～45，73，95～99，101，102，
　　128，146，154，165，166，179～
　　181，187，199，203，211

海洋空间资源　　2，8

海洋矿产资源　　6，7，133～136

海洋垃圾　　105，106，160，201

海洋蓝皮书　　171

海洋旅游资源　　9，128，138，140，
　　141，153

海洋牧场　　187～189

海洋能量资源　　2，3，7

海洋能源　　6，128，138

海洋强国　　101，104，157，184，198

海洋生产总值　　128，129，199

海洋生态保护补偿制度　　198

海洋生态系统　　11～13，22，30，32，
　　36，37，39，62，63，69～71，74，
　　76，90～93，100，118～127，147～
　　149，177，187，201，204，209，
　　210，214

海洋生物多样性　　31，32，41，44，
　　46，55，70～73，80，149，154，
　　172，174

海洋酸化　　12，31，32，38～40，

67～69，71，147，149，161，201，210

海洋天然气资源　197

海洋统筹规划　197，198

海洋污染　26～28，30，32～34，36，45，58，60～62，66，69～71，75，102，103，110～118，147，148，165，186，193，201～203，209～211

海洋物质资源　2，4

海洋养殖清洁计划　191，192

海洋油气资源　6，7，134，135

海洋原油产量　135，136

海洋执法　115～117，206，207，213

海洋资源　1～5，7，9～11，15～17，20，21，23～25，27，30～32，37，41，43，44，46，47，52，55～59，69，76，81，82，85，87，88，91，92，94～96，98，100～104，110，118，127～134，138～140，142，143，145～147，150，151，153～158，160～162，164～168，171～177，179，182，185～188，191，192，194～199，201，203～206，211，212，214

海源污染　10，11，107，108，202，209

海运业　156，185，195

汉江奇迹　184

集装箱码头吞吐量　189，190

科技兴海　211

可持续发展　1，4，9，14，20，24，26～30，32，33，35，36，38，40，43，45，47～56，59，62，69，72，83，95，96，98，100，103，113，115，121，132，134，139，140，146～155，160，167，173，175，177，178，180，181，186，187，192，196，197，201，202，207～214

可持续发展目标　24，29，30，58

可持续渔业　49，90，95，160，161，163

空源污染　10，12，202，209

蓝色经济　173，214

蓝色粮仓　130

蓝色增长　173，175，180，181

立体开发　145

联合国千年发展目标　28

陆源污染　10，11，34，36，62，63，75，105～107，111，117，123，147，148，192，202，209

年度捕捞限额　163

入海油量　108

生态保护红线　198

生态监控区　123，124

生态文明建设　111，113，127，148，149

生态系统复原能力　209

生态修复　59，126

完全捕捞　86

五龙治海　115

先污染，后治理　202，203，208

小岛屿发展中国家　31，44 ~ 47，
　52 ~ 55，57，96，99，151，153，154

小规模渔业　56 ~ 58，93 ~ 95

小户个体渔民　47，56，57，94，95，
　153

营养盐污染　31，33，35，36，64，
　148

用海类型　118，119，121

鱼类种群可持续发展指数　163

渔场　4，14，68，89 ~ 91，93，163，
　175，184，186 ~ 188，204

渔业保护区　163，185

渔业补贴　31，47，49 ~ 52，152，
　176，177

渔业捕捞许可证　152

渔业合作社　94

渔业执法　211

渔业资源　12，15，16，27，41，48，
　57，59，81，82，90，94，109，120，
　128，130，133，146，151 ~ 153，
　163，167，175，177，184，188，
　189，204，211

预防为主，防治结合　208

钻井泥浆排海量　108

钻屑排海量　108

最不发达国家　31，44 ~ 47，49，
　51 ~ 53，55，57，96，151 ~ 154

后　记

　　为实现资源的可持续利用，保护我们共同的家园，2015 年联合国可持续发展峰会正式通过了《2030 年可持续发展议程》，呼吁国际社会以积极姿态为实现可持续发展的目标而努力。而海洋作为人类社会重要的原料采集地，其资源环境正在遭受人类社会的巨大挑战。为此，《2030 年可持续发展议程》特别提出要保护和可持续利用海洋和海洋资源以促进可持续发展这一目标。本书正是围绕《2030 年可持续发展议程》第 14 项目标"保护和可持续利用海洋和海洋资源以促进可持续发展"而展开的，目的是通过对目标 14 的解读和对中国现状的评析，在介绍国际上的一些典型做法的基础上，提出中国实现目标的对策建议，以期为国家制定相关政策提供参考。

　　根据联合国大会的有关决议，联合国海洋可持续发展会议（也称"联合国海洋大会"）将于 2017 年 6 月 5 日至 9 日在纽约联合国总部举行。联合国海洋大会以"养护和可持续利用海洋和海洋资源"为主题，旨在支持落实可持续发展的目标 14。联合国大会主席汤姆森指出，即将召开的联合国海洋大会将成为逆转由人类活动给海洋生态环境所造成恶性影响的具有历史意义的转折点。希望本书的出版能够为联合国海洋大会的召开和"养护和可持续利用海洋和海洋资源"目标的实现起到一定的积极作用。

　　本书是本人与两位研究生同学合作完成的，写作提纲是我们一起研究讨论后确定的，本人与赵缇同学共同撰写了第一章、第四章和第六章，而与沈彬同学共同撰写了第二章、第三章和第五章。

由于时间仓促、水平有限，书中存在一些不当之处在所难免，还望读者批评指正。

崔 凤

2016 年 11 月 29 日

于中国海洋大学崂山校区工作室

图书在版编目（CIP）数据

治理与养护:实现海洋资源的可持续利用／崔凤,
赵缇,沈彬著.--北京：社会科学文献出版社，2017.11
（2030年可持续发展议程研究书系）
ISBN 978 - 7 - 5201 - 0475 - 3

Ⅰ.①治…　Ⅱ.①崔…　②赵…　③沈…　Ⅲ.①海洋资
源 - 资源利用 - 研究　Ⅳ.①P74

中国版本图书馆 CIP 数据核字（2017）第 047296 号

·2030 年可持续发展议程研究书系·

治理与养护：实现海洋资源的可持续利用

著　　者／崔　凤　赵　缇　沈　彬

出 版 人／谢寿光
项目统筹／恽　薇　陈凤玲
责任编辑／陈凤玲　田　康

出　　版／社会科学文献出版社·经济与管理分社　（010）59367226
　　　　　地址：北京市北三环中路甲 29 号院华龙大厦　邮编：100029
　　　　　网址：www.ssap.com.cn
发　　行／市场营销中心（010）59367081　59367018
印　　装／北京季蜂印刷有限公司

规　　格／开本：787mm × 1092mm　1/16
　　　　　印张：14.75　字数：172 千字
版　　次／2017 年 11 月第 1 版　2017 年 11 月第 1 次印刷
书　　号／ISBN 978 - 7 - 5201 - 0475 - 3
定　　价／79.00 元

本书如有印装质量问题，请与读者服务中心（010 - 59367028）联系